アルゴリズムがわかる図鑑

人人都能懂的算法书

全彩图解版

[日] 松浦健一郎　著
司友希

程晨　译

U0319559

 化学工业出版社

·北京·

内容简介

原本令人头疼的算法知识在本书中变得亲切易懂。《人人都能懂的算法书（全彩图解版）》巧妙地将复杂概念融入动物角色——松鼠、乌龟和驯鹿的趣味对话与生动动作中，配以清晰的图解，让读者仿佛在阅读一本有趣的图画书，轻松掌握算法的基础知识。

《人人都能懂的算法书（全彩图解版）》不仅详细解释了数据结构、搜索算法、排序算法、数据加密以及人工智能算法核心内容，还通过丰富的实例和Python练习，让读者能在计算机上亲自运行程序，直观感受算法的魅力。这种手脑并用的学习方式，让算法学习变得不再枯燥。

无论你是算法初学者，还是希望巩固基础知识的进阶者，这本书都能满足你的需求。它以直观、易懂的方式，带你走进算法的奇妙世界，让你在轻松愉快的阅读中，不知不觉成为算法达人。快来一起探索这本充满乐趣与智慧的算法宝典吧！

ALGORITHM GA WAKARU ZUKAN by Kenichiro Matsuura, Yuki Tsukasa
Copyright © 2022 Kenichiro Matsuura, Yuki Tsukasa
All rights reserved.
Original Japanese edition published by Gijutsu-Hyoron Co., Ltd., Tokyo

This Simplified Chinese language edition published by arrangement with
Gijutsu-Hyoron Co., Ltd., Tokyo in care of Tuttle-Mori Agency, Inc., Tokyo
through Beijing Kareka Consultation Center, Beijing.

本书中文简体字版是株式会社技术评论社经由Tuttle-Mori Agency, Inc.，通过北京可丽可咨询中心授权化学工业出版社独家出版发行。

本书仅限在中国内地（大陆）销售，不得销往中国香港、澳门和台湾地区。未经许可，不得以任何方式复制或抄袭本书的任何部分，违者必究。

北京市版权局著作权合同登记号：01-2024-4944

图书在版编目（CIP）数据

人人都能懂的算法书：全彩图解版 ／（日）松浦健一郎，（日）司友希著；程晨译. -- 北京：化学工业出版社，2025. 4. -- ISBN 978-7-122-47526-8

Ⅰ. TP301.6-64

中国国家版本馆CIP数据核字第2025Z04T12号

责任编辑：曾　越　　　　　　　　　　装帧设计：王晓宇
责任校对：王　静

出版发行：化学工业出版社（北京市东城区青年湖南街13号　邮政编码100011）
印　　装：河北尚唐印刷包装有限公司
787mm×1092mm　1/16　印张12　字数332千字　　2025年6月北京第1版第1次印刷

购书咨询：010-64518888　　　　　　　售后服务：010-64518899
网　　址：http://www.cip.com.cn
凡购买本书，如有缺损质量问题，本社销售中心负责调换。

定　　价：79.80元　　　　　　　　　　　　　　　版权所有　违者必究

本书的目的是让大家直观地了解各种各样的算法，同时学习计算机和编程相关的一些内容。从"刚接触计算机"的人到"想进一步了解计算机和信息技术"的人，再到"从事专业的计算机技术相关工作，想深入地梳理相关知识"的人，都适合阅读本书。另外，如果是对算法和编程感兴趣，想找一本入门的图书来学习，那么本书也是一个不错的选择。

本书尽可能地罗列出学习算法所需要了解的基础知识。你可以将其作为阅读更专业书籍的一个台阶，也可以将其作为帮助你理解专业书籍和教科书的参考书。总之，本书的使用是相当灵活的。

算法这个词的使用还是很广泛的，但在计算机科学中指的是"解题的计算方法描述"。算法说明了如何计算某个具体的问题。本书介绍了在编程中广泛使用的典型算法和数据结构。数据结构是用来存储和操作数据的方式。

解决同一个问题，有各种各样的算法。如果选择的算法能通过计算机快速地解决问题，就说明算法可行，但是如果不能解决问题，那就需要寻找其他的算法。在确定使用哪种算法时，还要注意算法解决问题的效率。为此，本书还详细解说了用于估计算法效率的工具。

本书的对象年龄可以从小学生、中学生到成人。关于计算的内容，需要一些初中和高中的数学知识，不过为了尽可能地让小学生也能够理解，书中结合了一些身边的例子和丰富的图画进行了简单易懂的说明。为了能手脑并用地进行学习，书中有很多用纸和笔解答的练习题，另外还有很多使用计算机编程来完成的练习题。

在编程的练习题中，我们使用的编程语言是 Python。Python 是 AI（人工智能）领域应用最广的语言，也是非常易学易用的语言，适用于 Windows、macOS、

Linux 中任意一个系统，具体的安装请参照本书最后的附录和书中的专栏进行（使用 Windows、macOS 的人请参照 181 页，使用 Linux 的人请参照 25 页）。安装之后，就可以一边编写或运行程序一边阅读本书了，这样就能对介绍的算法内容有一个直观的体验。

为了理解算法，尝试使用身边的物品来执行算法的步骤也是很有效的。试着用手边的扑克牌或点心之类的东西，再现算法的步骤，并向他人说明。拍摄照片和视频进行分享也会很有趣。

本书中有三个角色：松鼠、乌龟和驯鹿。角色们针对日常遇到的各种问题，会尝试应用算法和数据结构来解决。大家也可以一起仔细思考，使用什么样的算法才能解决问题，哪个算法的效率更高。然后，如果觉得某个算法有用的话，也可以像角色们一样在现实中使用对应的算法。虽然只是学习算法就很有趣了，但本书认为如果能在现实世界中灵活使用算法解决问题，并针对各算法给出实际使用的例子的话，将会有更多的收获。

本书由许多的图画、角色们的对话以及详细说明构成。最容易理解的当然是图画，然后是对话，最后是详细的说明。当然推荐大家全部阅读，不过先看图画，有时间的话读对话，如果想更深入地了解就读详细的说明，这样的读法也是不错的。图画的部分，也许可以和小孩子一起阅读。

对于成年读者来说，"好了好了，这个内容和我理解的一样"这样的评价会让我放心的同时松了一口气。此外，"哦，原来是这样！"这样感慨和"太好了，这下终于明白了"这样的喜悦更会让我觉得开心。在重新学习基本内容的过程中体会到新的知识，感慨"这个内容居然现在还不知道……"这也没关系。回顾一下有没有产生大的问题，或者是因为处理了问题，所以也学到了相应的知识。一想到学到了新的知识，明天就能更顺利地解决问题和完成工作，不是应该更高兴吗？

"之前给学生和别人讲的内容有问题！"如果有这样的情况，那么从下一次课开始调整也是可以的。在课程中引入新的研究成果、修订新的内容是常有的情况。和以前教过的人碰面的时候，如果以"最近，这些内容可能需要重新学习一下……"的话开头，那么应该能够很快地拉近彼此的距离。

在读了这本书之后，我希望你能对计算机更加地了解，也更感兴趣。如果在使用计算机的某个功能的时候，能够想到"这个功能原来是这样实现的"，那我写这本书的目的就达到了，更有甚者如果想着"如果是自己的话，会使用哪个算法写程序呢？"，那我就太开心了。

松浦健一郎　司友希

本书的特点和使用方法

本书我们将和松鼠、乌龟、驯鹿一起，针对日常遇到的各种问题，尝试应用算法和数据结构来解决。这不是一本只用来读的书，书中会解决具体的问题，还有挑战编程等内容，希望大家一定要一边实践一边享受学习算法的乐趣。

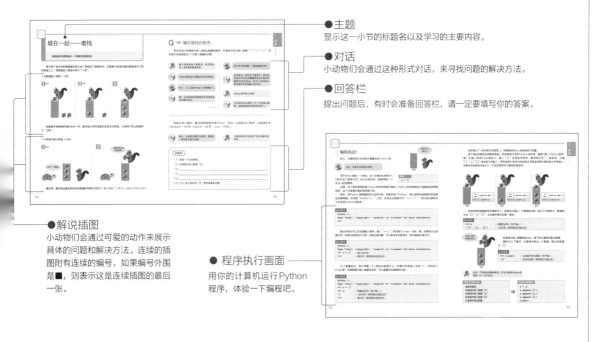

●解说插图
小动物们会通过可爱的动作来展示具体的问题和解决方法。连续的插图附有连续的编号，如果编号外围是■，则表示这是连续插图的最后一张。

●主题
显示这一小节的标题名以及学习的主要内容。

●对话
小动物们会通过这种形式对话，来寻找问题的解决方法。

●回答栏
提出问题后，有时会准备回答栏，请一定要填写你的答案。

● 程序执行画面
用你的计算机运行Python程序，体验一下编程吧。

目录

存储 ——————

计算机使用的数据，存好了用起来更方便。

第1章

——数据结构

选择哪一个比较方便？——数据结构

数据结构就是存储数据的方式。在决定了如何使用数据的基础上，要选择容易使用的数据结构。

把数据放进数据结构，就像把东西放进容器里一样。例如，想象一下把冰块放进玻璃杯里。然后，再把杯子里的冰块拿出来。

因为是细玻璃杯，所以要取出下面的冰块，必须先取出上面的冰块。取出最上面的冰块很简单，但是如何取出其他的冰块呢？

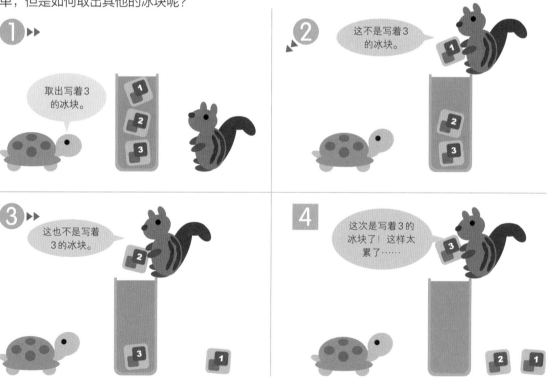

取出下面的冰块很麻烦。从数据结构中取出数据就类似于从容器中取出东西。选择的数据结构是否适合数据的使用情况，决定了取出数据是简单还是麻烦。

Q 问题: 简单的方法是什么呢?

要想方便地取出中间的书,选择哪种方式呢?

▼方法1: 把书堆在地板上。

▼方法2: 把书摆在书架上。

A 回答:

▼方法1: 把书堆在地板上的话……

1 ▶▶

首先,必须把堆在上面的书拿开。

2

把书堆在地板上的方法1中,需要两步将书取出来。而把书摆在书架上的方法2中,只需一步就能把书取出来。在这种情况下,把书摆在书架上似乎更方便。

▼方法2: 把书摆在书架上的话……

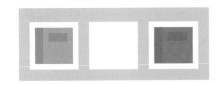

直接就取出来了。

 即使是同样的工作,不同的数据存储方式,所用的步骤也是不同的。

 那么根据不同的场景,有几种数据存储的方式呢?

 让我们来看一下典型的数据结构及其使用示例。

堆在一起——堆栈

堆栈是首先搜索最后一个数据的数据结构。

刚才那个装冰块的细玻璃杯就代表了堆栈这个数据结构。在图像中就是后面的数据堆在之前的数据之上。将数据放入堆栈中称为"入栈"。

▼把数据放入堆栈（入栈）

就像装在细玻璃杯里的冰块一样，最先取出来的是最后放进去的数据。从堆栈中取出数据称为"出栈"。

▼从堆栈中取出数据（出栈）

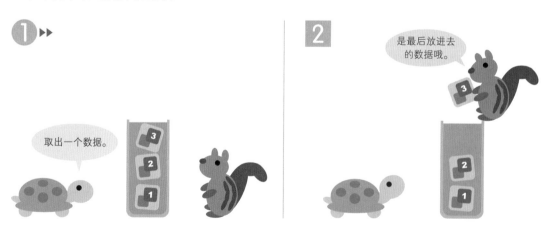

像这样，最先取出最后放进去的数据的存储方式称为"后入先出"（LIFO，Last In First Out）。

Q 问题: 编写堆栈的程序。

写出并运行在堆栈中放入或取出数据的程序。在堆栈中依次放入数据"○""△""□",然后用文字表述取出1个已放入数据的步骤。

 刚才是把冰放入堆栈里,然后取出来。现在操作数据试试。

 用文本写的步骤,计算机能执行吗?

 记录计算机执行步骤的东西叫作程序。

 无法执行。所以为了能运行,我决定将用文本写的步骤翻译成本书选用的编程语言Python。本书上的Python程序是可以在电脑上运行的。

 那么,马上就能针对这个问题编程了。

 Python程序怎么读呢?

 嗯。乌龟很轻松地就能用文本将具体的步骤写出来。

 可以给Python程序一行一行地加上解释,这样就能明白程序的内容了。

(继续 ➚)

如果你有计算机,最好按照指南安装Python,然后一边实际运行程序一边阅读本书(Windows→181页、macOS→181页、Linux→25页)。

 那么,试着将步骤写出来吧。前面的一部分是乌龟写的哦。

 大家试着用文本将接下来的步骤写出来吧。

回答栏

(1)准备一个空的堆栈。

(2)在堆栈中放入数据"○"。

(3)_____

(4)_____

(5)_____

(3)~(5)自己尝试写一下。参考答案在后面。

堆栈里什么都没有。

堆栈

◎ 编程挑战！

那么，试着把用文本写的步骤翻译成Python吧。

首先，准备存放数据的堆栈。

用Python准备一个堆栈。这个步骤如右侧所示。[]表示这个堆栈为空。执行此语句后，就能得到一个名为x的空堆栈。

程序

```
x = []
```

这里，这个程序使用的是Python的列表来表示堆栈。Python的列表相当于是数组这种数据结构，这个内容我们稍后将详细介绍。

现在，用Python解释器来执行这句代码。如果安装了Python，那么按照安装指南中的说明启动解释器。在消息"Python 3.…"之后，应该会出现提示符">>>"。"…"部分的内容取决于你安装Python的版本。

执行程序

```
Python 3.…
Type "help", "copyright", "credits" or "license" for more information.
>>>
```

提示符表示可以在后面输入程序。输入"x=[ ]"，然后按下Enter（回车）键。如果再次出现提示符，则表示程序运行正常；如果出现问题，可以参考本书附录B"常见错误处理方法"。

执行程序

```
Python 3.…
Type "help", "copyright", "credits" or "license" for more information.
>>> x = []      ← 输入的内容
>>>             ← 提示符（解释器自动输出的）
```

为了慎重起见，我们再看一下x里的内容是什么。在提示符后输入名称"x"，然后按下Enter键。在解释器中输入数据名称后，可以查看对应数据的内容。

执行程序

```
Python 3.…
Type "help", "copyright", "credits" or "license" for more information.
>>> x = []
>>> x           ← 数据的名称（用户输入）
[]              ← x的内容（解释器自动输出的）
>>>             ← 提示符（解释器自动输出的）
```

　　现在确认了 x 的内容为空堆栈 [ ]。将数据命名为 x 的结构称为变量。

　　接下来的步骤会先用图来表现，然后再用文本和 Python 来书写。请逐行输入 Python 程序，每一行输入完按 Enter 键执行。输入"○"这样的符号时，要用单引号（'）括起来。注意"○""△""□"用全角文字输入，但包括单引号在内的其他文字要全部用半角的英文字符输入。空格也有全角和半角之分，不过在程序中只使用半角字符。

文字说明	在堆栈中放入数据"○"
Python	x.append('○')

堆栈

文字说明	在堆栈中放入数据"△"
Python	x.append('△')

堆栈

文字说明	在堆栈中放入数据"□"
Python	x.append('□')

堆栈

　　这样所有的数据就存在堆栈中了。这里再次确认一下堆栈的内容。如以下内容所示，数据依次为"○""△""□"，这与图中展示的是一致的。

执行程序

```
>>> x                    ← 数据的名称（用户输入）
['○', '△', '□']        ← x的内容（解释器自动输出的）
```

把最上面的数据取出来。

　　在堆栈中放入数据到此为止。接下来从堆栈中取出数据。

　　请执行以下操作，从堆栈中取出一个数据。取出的数据为"□"。

执行程序

```
>>> x.pop()        ← 从堆栈中取出数据（用户输入）
'□'                ← 取出的数据（解释器自动输出的）
```

堆栈

总结一下具体的步骤和程序。文本内容和 Python 程序是一行一行对应的。

用文本写的步骤

准备空堆栈
在堆栈中放入数据"○"
在堆栈中放入数据"△"
在堆栈中放入数据"□"
从堆栈中取出数据

Python的程序

```
x = []
x.append('○')
x.append('△')
x.append('□')
x.pop()
```

按顺序排列——队列

队列是一种先放入的数据会先被取出的数据结构。

在堆栈中是先取出最后放入的数据，但是在队列中是先取出最先放入的数据。

队列和数据之间的关系类似于自动扶梯和乘梯人之间的关系。想象一下多个乘梯人乘坐自动扶梯的情况。

▼ 将数据放入队列

我最先进入
自动扶梯。

在乘坐站立的这种自动扶梯时，乘梯人进入扶梯的顺序和走出扶梯的顺序是一样的。最先进入扶梯的乘梯人第一个走出扶梯。

▼ 从队列中取出数据

乌龟第一个从自动扶梯走出来。

像这样，最先放入的数据最先取出来的存储方式称为"先入先出"（FIFO，First In First Out）。

Q 问题：数据结构的选择方法。

 堆栈和队列是常用的方法！

要选择适合的数据结构，可以在头脑中比较一下几个数据结构的效率。例如，考虑一下这样的情况怎么处理：有很多等待坐过山车的，现在要一个接一个地引导这些人乘坐过山车，那么，哪种等待方式，才不会让坐过山车的人感到不公平呢？

（1）堆栈

准备梯子。

等待坐过山车的人，先登上梯子。

乘坐过山车的时候，等待坐过山车的人依次从梯子上下来乘坐过山车。

 这个问题，从常识上考虑，我觉得梯子是不可能的……

 虽然梯子这种情况不可能，但有时进行一下思考实验也是有必要的。

（2）队列

让等待坐过山车的人按照来的顺序排队。

从队伍的开头，也就是从先到的人开始依次乘坐过山车。

 思考实验？

 因为实际做实验很麻烦，所以可以在大脑中做实验，根据道理预想结果。

 确实，在梯子上等着，这在现实中会被骂吧……

（继续 ↗）

◎ 选项(1)使用堆栈

　　首先，考虑在梯子上等待的人全部可以乘坐过山车的情况。这种情况是等待的人数在过山车定员以下的情况。例如，等待的有2人，过山车的定员也是2人。

　　请在梯子上画上第一个等待的人①。

> **回答栏**
>
> 请画上等待的人①。

　　右边的图是笔者画的例子。

　　接着，假设第二个等待的人来了。请在梯子上画上第一个等待的人①和第二个等待的人②。

> **回答栏**
>
> 请画上等待的人①②。
>
> 提示：第二个等待的人会在第一个等待的人上去之后再爬上梯子。

　　现在，过山车来了。那么第一个乘坐的人是第一个等待的人还是第二个等待的人呢？

 因为从梯子上下来的第一个人是在梯子最下面的人……

 看看刚才画的梯子的图，让下面等待的人先下来。

从梯子上下来的第一个人是第二个等待的人②。因此②首先坐过山车。

接下来第一个等待的人①从梯子上下来，坐上过山车。过山车出发。

接下来，我们来考虑一下等待的人数比过山车定员多的情况。例如，等待的是3人，过山车的定员是2人。假设等待的人按照①②③的顺序登上了梯子。

 在这种情况下，似乎也没有人会觉得不公平。

 因为大家是一起坐的过山车。

看看不合理的情况吧！

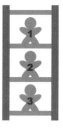

过山车来了，可以让两名等待的人上车了。请画出这个时候梯子和过山车的状态。

回答栏 ❶

请画上等待的人①②③。

 看，梯子上还留着一个人呢。

①是第一个来，等的时间最长的人，还要等下一趟过山车吗？这感觉不公平啊！

 是第一个来的人。

 啊，又有人来了。

（继续 ➧）

第四个等待的人④来了。然后，第五个等待的人⑤也来了。请画出这个时候梯子的状态。

回答栏 ②

请画上等待的人①④⑤。

下一趟过山车来了，又可以让两名等待的人上车了。请画出这个时候梯子和过山车的状态。

回答栏 3

请画上等待的人①④⑤。

 一趟过山车坐不完，果然梯子上还有一个等待的人。

 这个等待的人，以前也见过……

〔继续 ↗〕

 第一个来的人①还没有坐上过山车！我觉得这太不公平了！

 如果在这之后依然以同样的速度有新的人来等待，那么我感觉①永远也坐不上过山车……

 ①永远也下不了梯子！这肯定不行！

 让我们一起回顾一下有5个人等待的情况。

 和大家的答案比较一下。

A 回答

① ▶▶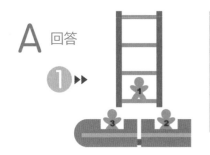

② ▶▶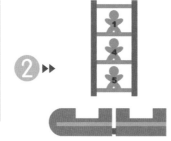

3

◎ 选项(2)使用队列

 这次，看看使用队列的情况吧。

 队列就像排队，所以按照来的顺序排着就行。

 等一下过山车吧。乌龟第一个来的。

 松鼠也想坐过山车。

 以队列的方式排队的时候，按照来的顺序排就可以了。

 那松鼠就是排在乌龟后面。

 驯鹿最后来了。按照顺序排在松鼠后面。

 过山车来啦。只能坐两个人哦。

按照队列的规则，先排队的人先从队伍里出来坐过山车。

 队伍就是按来的顺序排的，没有问题。

 第一个来的是乌龟，所以乌龟第一个坐过山车。

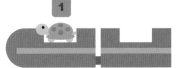

 第二个来的是松鼠，所以第二个是松鼠坐过山车。

 驯鹿可以坐下趟过山车，没关系。

 采用队列的方式，不会出现一直坐不上过山车的人，很合理呢。

 因为从先来的人开始依次乘坐，所以不会感到不公平。

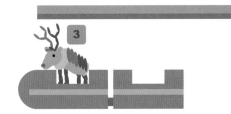

 这就是说，与堆栈相比，队列是更方便的数据结构吗？

 使用什么样的数据结构更方便，这是根据问题的性质而变化的。

 有用堆栈比用队列更方便的问题，也有无论使用哪一个都差不多的问题。

 下面我们通过另一个问题来比较一下数据结构的差异。

（继续 ↗）

使用的数据结构不同，得出答案的时间也不同

即使得到的答案相同，根据使用的数据结构，花费的时间也会不同。

首先不使用数据结构，看看正常情况下存储数据的例子吧。

▼正常情况下存储数据的话……

如果你想从散乱的数据中取出某个数据，会怎么样呢？

试着使用数据结构来管理数据吧！

 如果数据如此分散，有时是很难找到所需数据的。

◎ 使用堆栈

一开始我们用堆栈来存储数据。

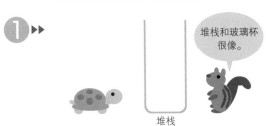

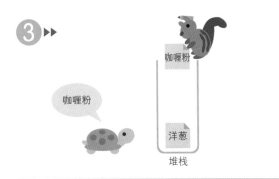

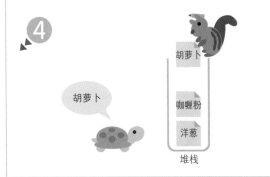

试着从存储的数据中取出最后的数据。

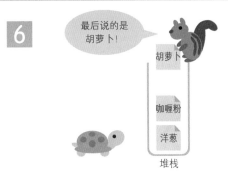

 试着数一下回答问题"最后说的是什么来着?"所花费的时间。

 只是把最上面的纸条拿出来而已。

（继续 ↗）

▼ 为了将最后存储的数据从堆栈中取出，进行了几次操作

数据量	数据取出的次数
3	1
100	1
n	1

 几步操作?

 一步!

 如果写了100张纸条放进玻璃杯的话，步骤次数会变吗?

 即使写了很多纸条，最后写的就是在最上面的。所以，只要一步操作，就能取出最后写的纸条。还是一步!

 取出纸条的次数也就是数据取出的次数，总结后如左侧的表格所示。

数据量 "n" 是什么意思?

 数据量为1的时候、为100的时候、为1000的时候……这样无止境地讨论很麻烦,所以写了n来表示。n为任意的正整数。

 无论有多少数据,取出次数一定是1。也就是说,即使数据量为n,取出次数也应该是1。

(继续 ↗)

◎ 使用队列

这次我们用队列来存储数据。

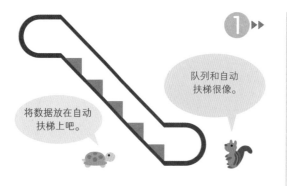

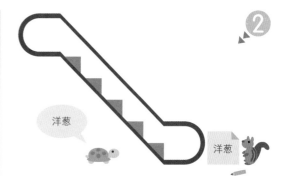

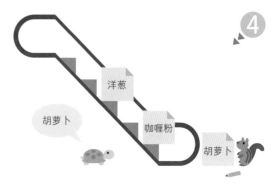

试着从存储的数据中取出最后的数据。

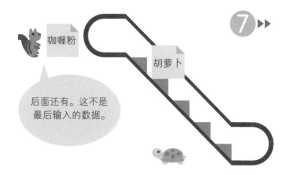

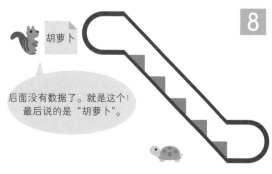

 试着数一下回答问题"最后说的是什么来着？"所花费的时间。

 一共取出了3次纸条。最后出来的纸条才是想要的纸条。

 如果写了100张纸条放在自动扶梯上呢？

 最后写的纸条从自动扶梯上出来是第100张。看来需要取100次了。

 写的纸条的数量和取出的次数一样。

（继续 ）

 和刚才的堆栈一起，整理成表格吧！

▼为了取出最后存储的数据，进行了几次取出操作

数据量	数据取出的次数（队列）	数据取出的次数（堆栈）
3	3	1
100	100	1
n	n	1
用大O表示法描述	O(n)	O(1)

 常常会用大O表示法来表示获得答案所花费的时间。使用队列时表示为O(n)，使用堆栈时表示为O(1)。

 在第2章中会正式用大O表示法来表示计算量。

 嗯，那么结论是堆栈比队列更高效吗？

 确实，在取出最后输入的数据时，是使用堆栈花费的时间较少。

（继续 ）

▼为了取出最先存储的数据，进行了几次取出操作

数据量	数据取出的次数（队列）	数据取出的次数（堆栈）
3	1	3
100	1	100
n	1	n
用大O表示法描述	O(1)	O(n)

 等一下！其他的情况，例如取出最先放入的数据，也试着做一个表吧（左下的表）。

 和刚才相反呀，使用队列的话，操作的步骤会更少哦！

 对数据的处理方式不同，适合的数据结构也不同。

 要根据处理问题的特点决定使用什么样的数据结构。

 为了在必要的时候选择适当的数据结构，让我们继续学习典型的数据结构吧。

打开电脑主机外壳看到的部件——内存

下面介绍一种与数组关系密切的，名为内存的存储装置。

在介绍数组这一数据结构之前，先来了解一下内存这一计算机部件。"为什么数组是这样的？"对于这个问题的回答，大多都是说"内存就是这样的结构"。数组是为了能顺畅地使用内存而设计的。

 计算机的内存是什么部件？

内存是一个外观如右图所示的部件。如果你手边有一个可以打开的计算机，那么打开主机外壳，就能看到内存的样子。

现在，计算机上的内存都能保存大量的数据。例如，"容量1GB（千兆字节）"的内存可以储存约10亿（1073741824）个字符（英文字符与数字）。本书一页最多可记录2652个字符，那么10亿个字符大概相当于404880页。

在计算机内部，内存连接到一个叫作CPU（中央处理器）的部件上。CPU从内存中读取计算所需的数据，进行计算，然后将计算结果写入内存。

 在保存数据这一点上，内存和数据结构是一样的。

▼内存

 大家计算机上的内存是多大的，试着查一下计算机信息或使用说明书等。

▼CPU和内存

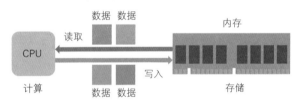

将数据写入内存的过程与将书放入书架的过程相似。从内存中取出数据也可以比喻为从书架上取出书。这里的问题是，如何从存储在内存中的很多数据中找到想要的数据？如果没有指定数据的方法，那就不知道要取出哪个数据了。

▼如果没有指定，是不知道取出哪个数据的！

在实际内存中，可以使用地址这个数来指定内存上的位置。以书架为例，为了区分一个个的位置，可以使用一个被称为地址的号码。一个位置上放着一本书（数据）。例如，容量为1GB的内存相当于大约有10亿个位置的书架。

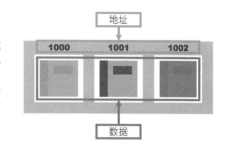

CPU从内存中读取数据的操作称为加载。当你从现实的书架上取出一本书时，书架上就没有这本书了。但是，从内存中读取数据时，因为是复制数据并读取，所以在内存上还会保留原来的数据。

▼从内存读取数据（加载）

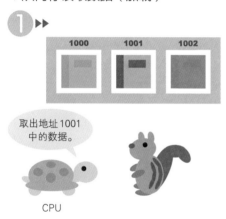

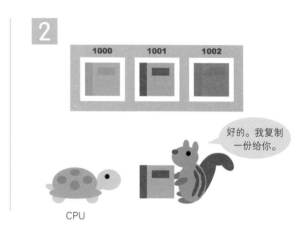

CPU将数据写入内存的操作称为存储。将数据写入内存时，会用新数据覆盖原来的数据，因此原有的旧数据就被销毁了。

▼将数据写入内存（存储）

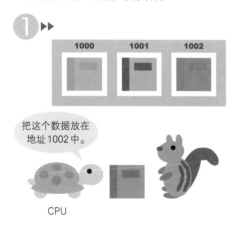

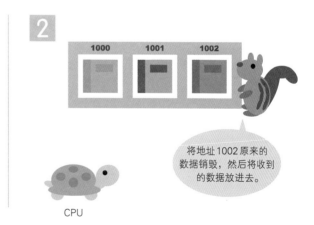

通过指定地址，可以随意访问（读写）内存中的数据。这种访问方法称为随机访问。随机访问与堆栈或队列不同，目标数据之外的数据是不会影响数据读取效率的。

像内存一样——数组

数组是与内存结构非常相似的数据结构，任何地方的数据都可以自由读写。

数组与内存非常相似。数组和数据之间的关系与内存一样，可以用书架和书来比喻。

为了指定读写哪个数据，内存使用地址，而数组会添加一个编号。右下图的示例就是使用整数0、1、2作为编号。

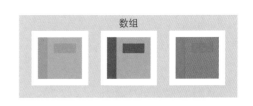

数组

 用于编号的整数根据编程语言不同有各种各样的情况。既有使用1、2、3、……进行编号的语言，也有使用0、1、2、……进行编号的语言，甚至还有使用负数进行编号的语言。

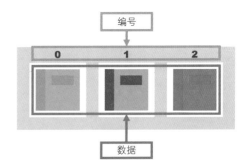

编号

数据

从数组中取出数据和从内存中读出数据是一样的，会复制数据，然后取出。因此，在数组中将保留原始数据。

▼从数组中取出数据

取出编号为1的数据。

好的。我复制一份给你。

将数据放入数组，与将数据写入内存时一样，会销毁旧数据，放入新数据。

▼将数据存储在数组中

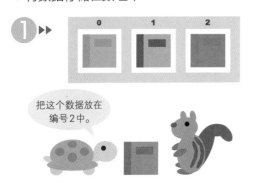

把这个数据放在编号2中。

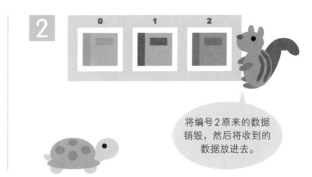

将编号2原来的数据销毁，然后将收到的数据放进去。

数组的使用方法和内存一模一样呀！

当然了，数组实际上就是这样操作的。

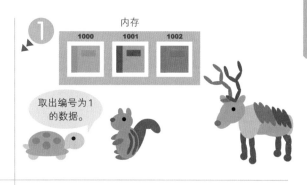

取出编号为1的数据。

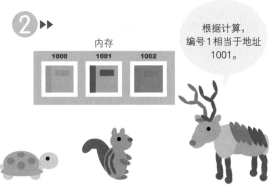

根据计算，编号1相当于地址1001。

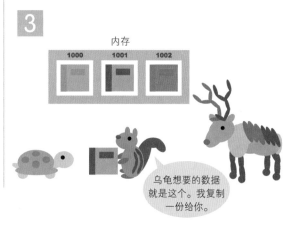

乌龟想要的数据就是这个。我复制一份给你。

你是怎么通过编号计算地址的？

只是在数组开头的地址上加上了编号而已。在这个例子中，开头的地址为1000，编号为1，因此1000+1 = 1001。

如果编号是2，那就是1000+2=1002。

一个编号对应一个地址？编号增加1，地址也就增加1？

准确地说，是一个编号对应一个数据大小的地址。可以用下面的公式来计算。

地址的计算公式

（数组的开头地址）+（1个数据的大小）×（编号）

（继续 ↗）

Q 问题：用编号计算地址。

数组的开头地址是2000，一个数据的大小是4，编号为3的话，地址是多少呢？

计算2000 + 4×3。

A 回答：2012。

数组是存储数据的基本数据结构。使用数组实现介绍过的堆栈和队列也不奇怪。在学习堆栈的时候，我们在Python解释器上体验了堆栈的操作，不过这个堆栈也是用数组（Python中称为列表）来实现的。

\ 挑战! /

在编程中使用数组

编写从数组中取出数据的程序并运行。

请用文本描述使用数组将"**かいだん**"(楼梯的意思)变成"**いかだ**"(木筏的意思)的步骤。

▼ 将"**かいだん**"变成"**いかだ**"?

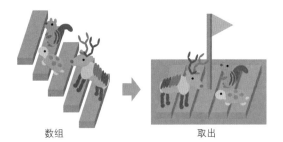

数组　　　　　　　　　　取出

怎么将"**かいだん**"变成"**いかだ**"?

把数组中的文字符号"**か**""**い**" "**だ**""**ん**"取出来,然后重新拼成 "**い**""**か**""**だ**"。

原来是使用了数组的文字游戏啊。

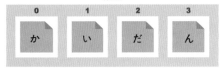

数组

取出

数组中依次为"**か**""**い**""**だ**""**ん**", 试着用文本写一下取出"**い**""**か**" "**だ**"的操作。

指定编号是取出数据的关键。在 Python中,编号从0开始。

回答栏

(1)在数组中加入"**か**""**い**""**だ**""**ん**"

(2)取出编号为1的数据

(3)

_____

(4)

_____

(3)~(4)自己尝试写一下。

◎ 编程挑战！

 首先取出"**い**"。对应编号为1。

 好的，取出编号为1的数据。

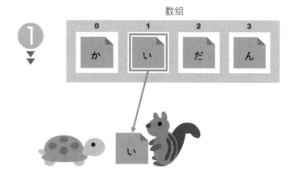

 接下来是"**か**"，编号为0。

 取出编号为0的数据。

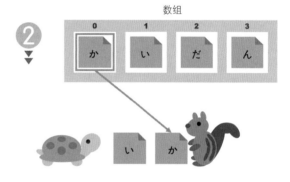

 最后是"**だ**"，编号为2。

 这样"**いかだ**"就完成了！

 总结一下具体的步骤，以及对应的Python的程序。

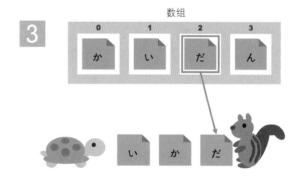

用文本写的步骤
在数组中加入"**か**""**い**""**だ**""**ん**"   取出编号为1的数据   取出编号为0的数据   取出编号为2的数据

Python的程序
x = ['**か**', '**い**', '**だ**', '**ん**']   **x[1]**   **x[0]**   **x[2]**

 下面，试着运行一下Python程序！

    如果安装了Python，请按照安装指南中的说明启动解释器。如果解释器已经启动，那么就可以直接使用输入代码了。

执行程序
```
Python 3....
Type "help", "copyright", "credits" or "license" for more information.
>>>
```

首先，在数组（Python的列表）中加入"か""い""だ""ん"。我们给数组命名为x，则输入"x=['か','い','だ','ん']"，然后按下Enter键。注意，输入"かいだん"以外的文字或符号时，必须使用半角字符。

执行程序
```
Python 3....
Type "help", "copyright", "credits" or "license" for more information.
>>> x = ['か','い','だ','ん']                    ←定义数组（用户输入）
>>>                                             ←提示符（解释器自动输出的）
```

让我们确认一下数组中的数据是否正确。这一步是在刚才用文本描述的步骤中没有的。输入"x"并按下Enter键。

执行程序
```
>>> x                                           ←数组的名称（用户输入）
['か','い','だ','ん']                           ←数组的内容（解释器自动输出的）
```

然后输入x[1]并按下Enter键。如果显示'い'的话就成功了。

执行程序
```
>>> x[1]                                        ←取出编号为1的数据（用户输入）
'い'                                            ←取出的数据（解释器自动输出的）
```

类似的，输入x[0]和x[2]。这样按顺序显示'い''か''だ'的操作就完成了。

执行程序
```
>>> x[1]                                        ←取出编号为1的数据（用户输入）
'い'                                            ←取出的数据（解释器自动输出的）
>>> x[0]                                         ←取出编号为0的数据（用户输入）
'か'                                            ←取出的数据（解释器自动输出的）
>>> x[2]                                         ←取出编号为2的数据（用户输入）
'だ'                                            ←取出的数据（解释器自动输出的）
```

 在Python中，输入像"数组名[编号]"这样的命令，就可以取出指定编号的数据。

 可以尝试一些别的例子。

 好啊，我可以来完成"かぶん"（花坛）或者"いんかん"（印鉴）！

在Linux上安装Python

本书最后的附录A介绍了如何在Windows和macOS系统上安装Python，而本专栏介绍了在Linux上安装Python。对于Linux来说，Python的安装方法因发行版❶不同而不同。根据发行版的不同，Python也有预先安装的情况，所以在安装之前，建议先用以下方法尝试启动Python解释器。

◎ 启动Python解释器（Linux）

尝试使用终端启动Python解释器。注意Linux中使用"python3"命令（根据发行版本的不同，有时也使用"python"和"python3.8"等命令）。

（1）启动终端或使用已启动的终端。

（2）将输入法切换为英文。

（3）输入"python3"后按下Enter键。

（4）Python解释器启动并显示以下消息和提示。这里显示的Python版本信息可能会根据你下载Python的时间而变化。

（5）可以同时按Ctrl键和D键退出Python解释器。

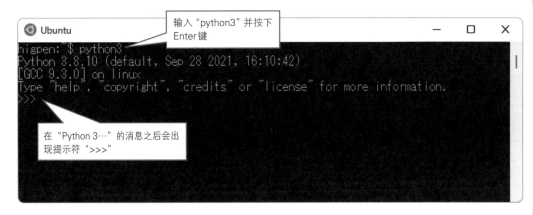

如果Python解释器未启动，那么就需要进行安装了。比如，在Ubuntu的发行版中，你可以按照以下步骤操作。

（1）启动终端或使用已启动的终端。

（2）将输入法切换为英文。

（3）输入"sudo apt update"并按下Enter键，更新软件包（文件的保管场所）的升级信息。

（4）输入"sudo apt upgrade-y"并按下Enter键，更新已安装的文件。这一步可能需要很长时间。

（5）输入"sudo apt install-y python3"并按下Enter键，开始安装Python。

安装完成后，启动Python解释器确认是否安装成功。

---

❶ 译者注：发行版是指基于Linux内核的操作系统。

如果有箭头指引，操作也会减少——链表

链表是与数据本身一起记录下一个数据所在位置（指针）的数据结构。

一边解答下面的问题，一边学习链表吧。首先使用数组求解问题，然后使用链表求解相同的问题。目的是体验数组和链表的不同。

Q 问题：用数组来设计博物馆。

用这个平面图来设计博物馆吧！

现在有夏朝、周朝、汉朝的展示品。按时间顺序放入展示室吧。

像数组一样，从左边的房间按照朝代顺序，一间挨一间地把展示品放进去吧。

▼从上面看建筑物的各个房间

门

将博物馆看作数组，把展示品比作数据，试着把展示品放进展示室里。

好，开馆了。

商朝的展示品也有了！

那样的话，在哪个房间放哪个展示品好呢？

▼从左边的房间按朝代顺序收藏展品

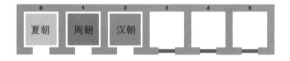

大家想在哪个房间放哪个展品？可以填写在下图中。

回答栏

请在房间里写上夏朝、商朝、周朝、汉朝。

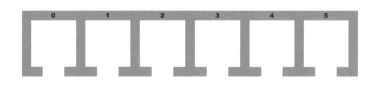

为了按照朝代顺序排列展示品，可能需要重新布置哦。

 要把周朝和汉朝的展示品移动到别的房间真是太麻烦了……

 有更好的方法吗？

▼按照朝代顺序重新排列的话移动展示品会很麻烦。

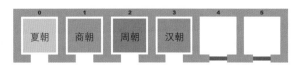

 试试链表这个数据结构吧。

Q 问题：用链表来设计博物馆。

下面试着使用链表解答同样的问题吧。另外，也有将链表称为列表的情况，但由于列表这个词在其他的场合已经被使用了，所以在本书中称为链表。

 不用移动已经有的展示品，很简单，在空房间里接着展示"商朝"的展示品。

（继续 ↗）

 从左到右依次看展示室，汉朝之后才是商朝。怎样才能按照朝代的顺序参观展品呢？

 在展示室之间，试着设置指引功能的箭头吧！

◎ 子问题1：设置指引功能的箭头

回答栏

为了能按照朝代顺序在不按朝代顺序排列的展馆中完成展示，请设置指引功能的箭头（参考答案在下一页）。

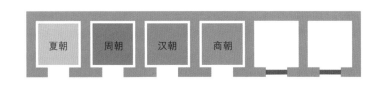

 夏朝之后是商朝，商朝之后是周朝，周朝之后是汉朝，这样就完成了！

（继续 ↗）

 沿着箭头的指引，就可以按照朝代顺序参观展品了。

 这就是链表的结构。数据和数据之间通过箭头连接指示下一个数据。

A 回答

▼单向、链表

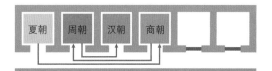

 如果沿着指针前进的话，从最初的数据到最后的数据，都是按顺序排列的。

 为了追溯朝代，可以设置逆向的参观路线吗？

 如果设置了两个方向的箭头，那么也可以逆向前进。只有一个方向的链表称为单向链表，有两个方向的链表称为双向链表。

 链表中使用的箭头称为指针。

（继续 ↗）

▼双向链表

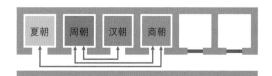

 比起只能单向前进的单向链表，双向前进的双向链表似乎更方便。单向链表一般什么时候会用到呢？

 在双向链表中需要知道"下一个数据在哪里"和"上一个数据在哪里"，但是在单向链表中只需要知道"下一个数据在哪里"就可以了，所以单向链表处理起来更简单。

 刚才的图是单向链表，这次的图是双向链表。

 不需要往两个方向前进的时候，用单向链表就可以了。

（继续 ↗）

单向链表的处理比双向链表简单，速度也更快。因此，特别是在开发想要速度更快的程序时，有时会小心地分开使用单向链表和双向链表。但是在通常的程序中，能切身感受到单向链表和双向链表速度差异的场合很少。这里，为了让书中的图看起来更清晰，所以之后的内容使用的都是单向链表。

◎ 从链表中删除数据

删除数据时不需要移动其他数据也是链表的优点。还是以博物馆为例，看一下删除数据的步骤。

 周朝的展厅要重新布置了。

 重新布置的时候禁止入内，能从参观路线中去掉周朝吗？

 换一下指针就行。

▼从链表中删除数据

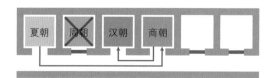

展示品完全不用动，只是重新设置了指引箭头，很轻松呀！

 如果不想移动存好的数据，使用链表就会很方便了。

就像博物馆展品一样，当你不想移动放置在类似内存上的数据时，使用链表会很方便。

◎ 子问题2：将数据添加到链表中

你掌握链表的结构了吗？要将数据添加到链表中，可以尝试解决下面这个问题。

 马上添加参观路线。

 秦朝的展示品也有了！

在博物馆追加"秦朝"展示室。再写上指引路线的箭头，按照"夏朝、商朝、周朝、秦朝、汉朝"的顺序参观展示室。

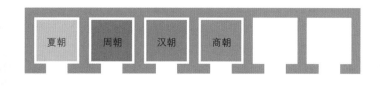

回答栏

填写"秦朝"展示室并画上指引路线的箭头。

 和之前添加"商朝"的时候一样，过程是类似的。

 在下面的回答中使用的是单向链表，不过也可以使用双向链表。

A 回答

▼ 添加了数据的链表

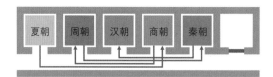

▼ 追加数据时指针的修改

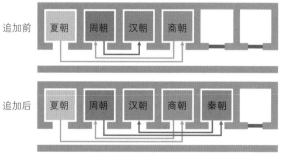

 在这个问题上进行的操作相当于在链表"博物馆"中追加了数据"秦朝"，并修改了指针。

 右图比较了数据添加前和添加后的指针。红色表示修改的指针，灰色表示不用修正的指针，很简单的！

在链表中添加或删除数据时，只需这样修改一部分指针即可。不需要修改所有的指针。

表示分支——树和树结构

树结构是参考数学上"树"的概念定义的一种数据结构。

先来看看什么是"树"吧。

 右图是树的例子。

 这感觉也不像树呀……

 那么，下面的图怎么样?

 嗯，如果是这个的话，还有点像树!

 太好了! 那么接着来介绍有向树。实际上存储数据的时候，经常使用的是有向树。

 有向树和实际的树一样，有根、枝和叶。

 树枝分开的地方被称为分支节点。

 在这个图中，树枝就是箭头。

 有向树的树枝是有方向的，这给人一种起点和终点的感觉。而且有向树有一个根，没有以根为终点的树枝。

 确实，根都是树枝的开始，叶子都是树枝的结束。

 至于分支节点，那是树枝的开始和树枝的结束交汇的地方。

▼树

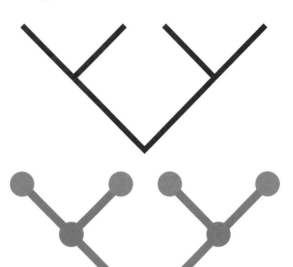

▼有向树

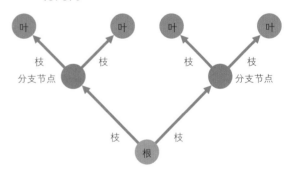

　　根、分支节点和叶统称为节点。本书为了便于理解，将根、分支节点和叶区别开来称呼，在图中也通过颜色加以区分。另外，树枝也被称为边缘。

◎ 树结构

将有向树应用于数据结构就产生了下面即将介绍的树结构。

 使用树的数据结构被称为树结构。

 咦？这次的图和刚才的图上下颠倒了。

 在画树结构的时候，经常在上面画根，在下面画叶。树枝有时也用线来表示，而不是图中的箭头。

▼ 树结构

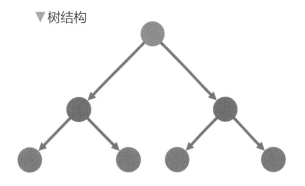

 既然是数据结构的话，树结构也有数据吗？

 嗯。如右图所示，可以在根、分支节点和叶子上存储数据。

 这棵树上存着计算相关的数据和运算符号。

 这是用树结构表示 "（1+2）*（3+4）" 这个算式的。以后再详细介绍树结构表示算式。

▼ 将数据存储在树结构中

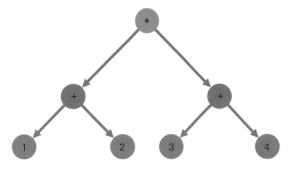

 "*" 是什么符号？

 "*" 是乘法的符号。在数学算式中一般用 "×" 号，不过在编程语言中使用 "*" 的情况较多。

（继续 ↗）

 "×" 很容易看成字母X，但 "*" 不会看错。

 "*" 号该怎么称呼？

 "*" 称为星号。

 还没有自信能熟练地使用树结构呢……

（继续 ↗）

 没关系。首先，从辨别是不是树结构开始吧。

 在下一页中，准备了4个像树结构一样的图。

Q 问题: 哪个是树结构?

　　了解树结构必须满足的条件。辨别一下下面的 4 个图是否是树结构。在这些图中，为了解释起来更方便，我们为树结构的根、分支节点和叶，都增加了编号。

▼这是树结构吗? ①

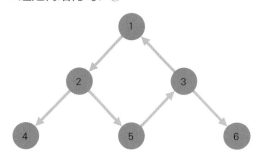

▼这是树结构吗? ②

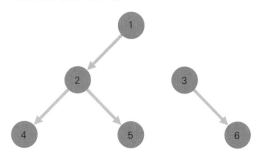

▼这是树结构吗? ③

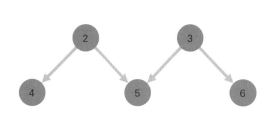

▼这是树结构吗? ④

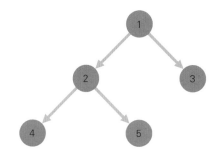

 总结一下，树结构是什么呢?

 树结构必须满足右边所列的所有条件。

 只要有一个条件不满足，就不是树结构。

 如果通过实际的例子来解释一下，就更好理解了。

 我们一起来解答上面的问题。判断一下各个图是否满足树结构的条件。

树结构必须满足的条件

（1）无闭环（可绕一圈的部分）。
（2）所有的根、分支节点和叶都相互用树枝连接。
（3）分支节点和叶各自是一根树枝的终点。

▼闭环指可以沿着箭头绕一圈

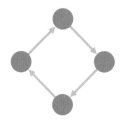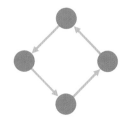

A 回答

▼这是树结构吗？①说明

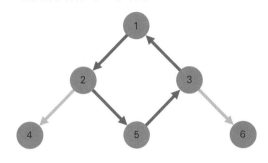

 沿着1、2、5、3的箭头，又回到了1。

 1、2、5、3的部分能绕一圈，是一个闭环。

 不能有闭环，这不是树结构。

▼这是树结构吗？②说明

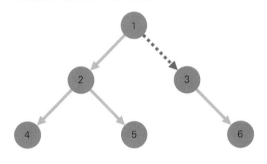

 这棵树有一个没有树枝连接的地方。

 分成了1、2、4、5部分和3、6部分。假如1和3相连的话，就变成了树结构。

 所有的根、分支节点和叶都需要用树枝连接起来，所以这也不是树结构。

▼这是树结构吗？③说明

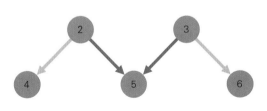

 5的叶子上，是两个箭头的结束。

 5的叶子是两根树枝的终点。

 无论是叶还是分支节点，都应该只是一根树枝的终点。这也不是树结构。

▼这是树结构吗？④说明

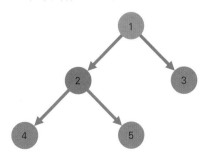

 这个满足了所有的条件。

 嗯。为了便于理解，可以试着把根、分支节点和叶通过不同颜色进行区分。

 终于找到了一个树结构！大家也确认一下这张图是否满足树结构的全部条件。

使用二叉树表示算式

使用树结构的一种二叉树形式来表示算式，进而计算算式的值。

 树结构可以用来做什么呢？

 代替角使用也不错呀⋯⋯

 这里，来体验一下经典的使用方法吧。用树结构来表示算式。这次我要用二叉树。

 二叉树？

 从根和分支节点开始的树枝，最多只有两支的结构被称为二叉树。

 也就是说，右边驯鹿代替角使用的树结构也是二叉树。

▼树结构的使用方法？

在二叉树中，从根和分支节点开始的树枝都是1根或2根。在画二叉树时，经常是朝着根或分支节点的左斜下方或右斜下方画树枝。

 这次用二叉树来表示"1+2*3"这个算式吧。

 先说一下，上面驯鹿角的树结构不是"1+2*3"。

 "*"是"×"这样表示乘法的符号。

 在"1+2*3"中，乘法比加法先计算，所以先计算"2*3"，结果应该是7。

 在Python解释器中确认一下吧！

 在Python解释器中输入"1+2*3"并按下Enter键。

如果安装了Python，请按照安装指南中的说明启动解释器。如果解释器已经启动，可以直接使用。

（继续 ↗）

执行程序

```
Python 3.…
Type "help", "copyright", "credits" or "license" for more information.
>>> 1+2*3          ←算式（用户输入）
7                  ←计算算式的值（解释器自动输出的）
```

 Python解释器计算"1+2*3"后，显示计算结果为"7"。

 其实在计算机内部，很多时候都是用树结构来表示算式的。

▼用树结构来表现算式"1+2*3"

（1）"1""2""3"这些值会变成叶。先计算"2*3"，因此制作"2"和"3"的叶。

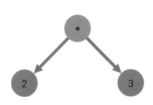

（2）"+"和"*"等符号会变成分支节点。这里制作"*"的分支节点。然后，从分支节点"*"伸展树枝，连接到"2"和"3"。这样表示了"2*3"。

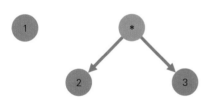

（3）接下来计算"1+2*3"，制作"1"的叶。

4

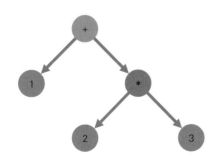

（4）制作"+"的分支节点，将树枝连接到"1"和"*"。这样，就完成了"1"加"2*3的结果"的计算，即"1+2*3"。

看看这个树结构中的根和分支节点，都各伸展出几根树枝？

 无论是从根还是分支节点，都只伸展出两根树枝。

从根和分支节点开始的树枝最多也是2根，所以这个树结构就是二叉树。

终于要用二叉树计算算式了。从根开始，沿着树结构进行。

〔继续 ↗〕

这里根和分支节点都是伸展出两根树枝，以下是从左边的树枝开始计算的。对于"1+2*3"来说，无论从左还是从右开始计算，结果都是相同的。

▼用二叉树计算算式"1+2*3"

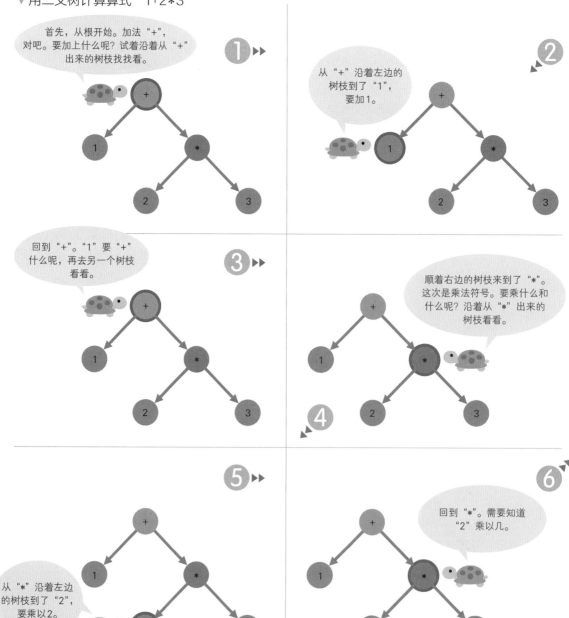

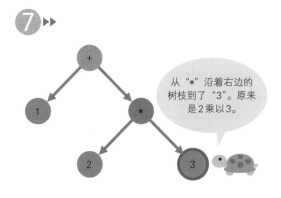

从"*"沿着右边的树枝到了"3"。原来是2乘以3。

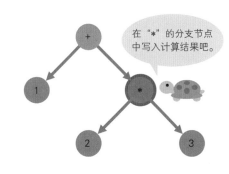

在"*"的分支节点中写入计算结果吧。

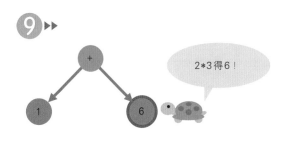

2*3得6!

又回到了"+"。这次知道了,"+"的是1和6。

计算结果为7!

算完了。好烦琐啊!

乍一看好像很麻烦,但是用计算机计算算式的时候,基本都是使用树结构。

例如,在"1+2*3"的计算中,需要先计算"2*3",但这样的计算顺序是用树结构来表现的。

别的算式是不是也可以试试?

"(1+2)*3"怎么样?

好啊!虽然和"1+2*3"很像,但是会变成稍微不同的树结构。

自己用树结构来表示一下算式吧,然后试着计算一下!

实际上,答案就是作为驯鹿的角画的图。回过头去看看吧。

(继续 ↗)

查找 ——————

从很多数据中找出你要的数据。

第 2 章

搜索的算法

从很多东西中寻找！——搜索

搜索是计算机最重要的工作之一。你可以发挥计算机速度快的优势。

　　因为计算机里储存了很多数据，所以要找到一个快速找出想要的数据的方法。找出特定的数据称为搜索。使用计算机时，我们有意无意地都会进行搜索。例如，让我们想想驯鹿登录在线游戏的场景。

▼用户"驯鹿（tonakai）"登录时（tonakai，日文中驯鹿的罗马音名）

▼以人工的形式进行缓慢地搜索……

　　因为搜索经常用到，所以有各种各样的方法。在本章中，我们会介绍3种代表性的方法，看看通过这些方法多长时间能找到目标数据，比较一下它们的效率。

搜索什么数据？

以在线游戏的数据为例吧。

▼计算机高速地搜索……

　　作为在线游戏的数据，假设每个用户都有"用户名""经验值""账户"的数据。用户登录后，搜索用户名（例如tonakai），然后复制并取出经验值和账户等游戏所需的数据。

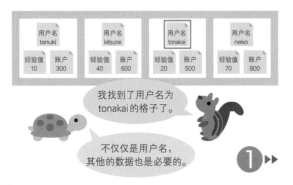

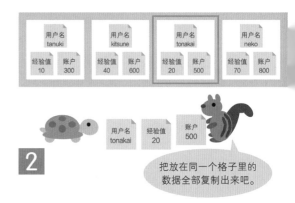

这里通过用户名查找到了某个用户的数据。像这样作为搜索记号的数据被称为"键"。计算机通常使用数据库来管理大量的数据，但是数据库中存储的每一个数据都是右边的形式。键和键以外的数据是要组合在一起的。

 寻找想要的数据时，直接寻找"键"！

 刚才查找了用户名为 tonakai 的数据。

 用户名就是"键"。

▼ 组合了键和键以外的数据

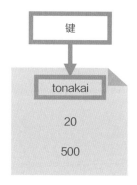

本书为了看图的方便，将一个个的数据比作下面的包裹。如果通过"键"找到了特定的包裹，就会给人一种其中存储了必要的数据的印象。

▼ 将一个个的数据比作包裹

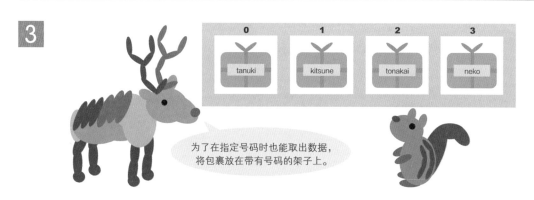

 包裹放在了哪个数据结构中？

 按照数组的形式，将包裹放在带号码的架子上。

本章主要使用的是数组。在本章内容中介绍的搜索方法要求能够简单地实现任意数据的自由读写。根据搜索的方法，即使使用数组以外的数据结构（例如链表），也能有效地搜索。

\ 挑战！/

存储用户数据的程序

试着把成为搜索对象的数据存进数组里吧。

 使用Python将用户的数据存在数组中！

 首先简单地把用户名存起来吧。

如果安装了Python，请按照安装指南中的说明启动解释器。如果解释器已经启动，可以直接使用。

执行程序
```
Python 3.…
Type "help", "copyright", "credits" or "license" for more information.
>>>
```

在数组（Python中的列表）中，存入tanuki（日文中狸的罗马音名）、kitsune（日文中狐狸的罗马音名）、tonakai（日文中驯鹿的罗马音名）、neko（日文中猫的罗马音名）。将数组命名为x。输入"x=['tanuki','kitsune','tonakai','neko']"，然后按下Enter键。

执行程序
```
Python 3.…
Type "help", "copyright", "credits" or "license" for more information.
>>> x = ['tanuki', 'kitsune', 'tonakai', 'neko']   ←定义数组（用户输入）
>>>                                                ←提示符（解释器自动输出的）
```

确认一下数组中的数据是否正确。输入"x"并按下Enter键。

执行程序
```
>>> x                                        ←数组的名称（用户输入）
['tanuki', 'kitsune', 'tonakai', 'neko']     ←数组的内容（解释器自动输出的）
```

取出驯鹿的数据。输入x[2]并按下Enter键。

执行程序
```
>>> x[2]        ←取出编号为2的数据（用户输入）
'tonakai'       ←取出的数据（解释器自动输出的）
```

 把用户名存起来，就可以获取到了！

 经验值和账户也能存起来吗？

（继续 ↗）

 其实在数组中加入数组，做成双重结构就可以了。试试看。

这次在数组（Python的列表）中，加入如下4个数组（还是Python的列表）。4个数组分别包含用户名、经验值、账户的数据。

数组中的4个数组
```
['tanuki', 10, 300]
['kitsune', 40, 600]
['tonakai', 20, 500]
['neko', 70, 800]
```

请像下面这样输入，并按下Enter键。因为一行太长了，所以在书上变成了两行，但在计算机上输入的时候不要换行。

执行程序
```
>>> x = [['tanuki', 10, 300], ['kitsune', 40, 600],   ←不换行，继续输入
['tonakai', 20, 500], ['neko', 70, 800]]              ←定义数组（用户输入）
```

数组已命名为x。确认一下数组的内容，请输入"x"并按下Enter键。

执行程序
```
>>> x                                    ←数组的名称（用户输入）
[['tanuki', 10, 300], ['kitsune', 40, 600],
['tonakai', 20, 500], ['neko', 70, 800]]   ←数组的内容（解释器自动输出的）
```

取出驯鹿的数据。输入x[2]并按下Enter键。

执行程序
```
>>> x[2]                    ←取出编号为2的数据（用户输入）
['tonakai', 20, 500]        ←取出的数据（解释器自动输出的）
```

 用户名、经验值、账户都被汇总在一起了！

 如果使用这个方法的话，复杂的数据也可以。

 现在知道了数据的整理方法，终于可以开始学习搜索的方法了。

▼ "搜索"，从众多数据中寻找目标数据

从边缘搜索——线性搜索法

从很多数据的一端开始依次查找，寻找目标数据。

线性搜索法是从开头和末尾逐个查看数据，找出目标数据的方法。这里，以寻找"键"为"乌龟"的数据为例来说明线性搜索法的步骤。

▼线性搜索法查找"键"为"乌龟"的例子

驯鹿　松鼠　乌龟

乌龟的包裹是哪个？从左到右依次查找吧。

驯鹿　松鼠　乌龟

不是这个。

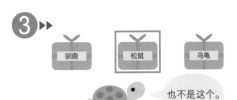

驯鹿　松鼠　乌龟

也不是这个。

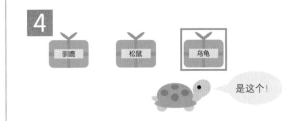

驯鹿　松鼠　乌龟

是这个！

线性搜索法是从一端开始按顺序查找数据的。

这次最后一个才是"乌龟"，所以在找到目标数据之前花了很多时间。

实际上在搜索算法中，特别需要关注搜索时间……

请回想一下第1章中的"使用的数据结构不同，得出答案的时间也不同"。其实对于搜索算法，根据使用的算法不同，得到答案所需的时间也不同。这个花费的时间就是数据的计算量。

计算量是算法得出答案所需的计算时间，使用在第1章中介绍的大O表示法来表示。

第1章中出现的O(n)和O(1)就是大O表示法的例子。

之前说在第2章中会正式介绍用大O表示法来表示计算量。

现在就来看一下线性搜索法的计算量吧。

一般计算量是指用于计算的资源量。在估计计算所花费的时间时，称为时间计算量。而考虑计算所需的存储空间时，称为空间计算量。

针对本书介绍的搜索算法，算法之间的时间计算量明显不同，所以我们关注的是时间计算量。此外，在本书中对于"计算量"没有特别说明的情况下，均指时间计算量。

◎ 线性搜索法的计算量

在线性搜索法中，搜索数据所花费的时间与搜索对象的数据量成正比。

首先使用线性搜索法，试着解决下面的问题。

Q 问题: 线性搜索法中计算量最坏的情况。

对于下面的数据1和数据2，请使用线性搜索法找到键值"乌龟"。然后，为了表示搜索数据花费的时间，请填写一下找到数据查看了几个"包裹"。注意搜索是从第一个（最左侧）数据开始的。

▼数据1

回答: 查看了__个包裹之后找到了键值"乌龟"。

▼数据2

回答: 查看了__个包裹之后找到了键值"乌龟"。

请在横线上填上数字。

先来看数据1，试着数一下查看包裹的次数。

A 回答

用线性搜索法从数据1中寻找键值"乌龟"。

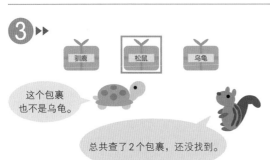

这样就是总共查了3个包裹，找到了键值"乌龟"。

2-3

 辛苦了！

（继续 ↗）

 接着来看数据2，数一下查看包裹的次数。

 这次直接来看最后的结果。

A 回答

▼ 用线性搜索法从数据2中寻找键值"乌龟"

 驯鹿　 松鼠　 兔子　 熊　 乌龟

 找到了！

 总共查了5个包裹，找到了。

这样就是总共查了5个包裹，找到了键值"乌龟"。

 数据1和数据2都是最坏的情况。要到最后一个包裹才是乌龟的包裹。

 如果最前面的几个包裹有乌龟的话，那么就能更快地找到了。

（继续 ↗）

 用这个结果来估计一下最坏情况下的计算量吧。这被称为最坏情况的计算量。

 这里，看一下查看包裹的次数，也就是查找键值的次数，估计一下计算量。

▼ 在找到目标键值之前，最多要查找几次

数据量	查找的次数
3	3
5	5
n	n

 数据量为n的时候，查n次就能找到，这个怎么解释？

 所谓数据量，就是作为搜索对象的数据数量。

（继续 ↗）

 最坏的情况就是最后的包裹是乌龟的包裹。那最后的包裹是第几个包裹呢？

 包裹的个数一共是n个，所以第n个是乌龟的包裹！

 查看了n个包裹，才找到了想要的乌龟的包裹。这也就是说，最坏的情况就是要查n次才能找到。

　　请注意，在线性搜索法中最坏的情况下，数据量和查找次数是一致的。也就是说，搜索数据所花费的时间与搜索对象的数据量成正比。

与最坏的情况相反，也就是最好的情况下，线性搜索法的计算量又是怎样的呢？

 来看看下一个问题吧。

Q 问题: 线性搜索法中计算量最好的情况。

在3个数据中寻找键值为"乌龟"的数据。使用线性搜索法的时候，怎样排列数据，能最快找到键值为"乌龟"的数据? 请在图中填写"乌龟""松鼠""驯鹿"3个键值。

回答栏

请填写"乌龟""松鼠""驯鹿"。

A 回答

▼ 线性搜索法中最好的情况

"松鼠"和"驯鹿"的位置也可以调换一下。

 这次第一个就找到了。

 很轻松呀！

 因为是第一个就能找到的情况，所以不管搜索对象的数据量是多少，一次就能找到。

 把最坏和最好的情况总结成一个表。表中也有大O表示法。

▼ 找到了键值为"乌龟"的数据

找到了！

第一个就是"乌龟"，所以马上就找到了。

▼ 在用线性搜索法找到目标键值之前，要查找几次

	数据量	查找的次数	大O表示法
最坏的情况	n	n	$O(n)$
最好的情况	n	1	$O(1)$

关于大O表示法，将在下一节中详细介绍。另外，关于计算量，通常强调的是平均计算量（平均情况下的计算量），但如果想严谨地理解平均计算量，需要掌握概率统计方面的知识，因此本书只是解释了最坏和最好情况下的计算量。

粗略的评估算法——大O表示法

为了粗略地评估计算量，可以使用方便的大O表示法。

 为什么说是粗略呢？

 我想大概是这样的情况。

说法1

在实际的编程中，根据使用的计算机和编程语言的性质、数据的值以及具体编写的程序，计算时间可能会有很大的变化。但是，当你不得不忽略它们来讨论算法的效率时，这个值一定是一个大概的值，所以粗略评估就是一个合适的方式。

说法2

确定算法的效率时，如果能把效率大致划分在5个阶段左右的话，那么评估起来会非常方便。下表中是5种常见的大O表示法。当n的值越大的时候，上面表示算法是计算量小而快的，下面表示算法是计算量大而慢的。另外，这里O读作"Order"，所以表中还写了对应的读法。

▼在找到目标键值之前，要查找几次

大O表示法	读法
↑快速算法	
O(1)	Order 1
O($\log n$)	Order $\log n$
O(n)	Order n
O($n\log n$)	Order $n\log n$
O(n^2)	Order n^2
↓慢速算法	

 大O表示法怎么写？

 本来应该按照数学的定义来写大O表示法，不过在这里我们介绍一种简单的写法。

写大O表示法的时候，先是将待处理的数据量设为n。在搜索时，是要从大量的数据中寻找具有对应键值的数据包，这里是将大量数据中包含的数据包的数量设为n。另外，从计算量的角度来看，有时将n称为"问题的大小"。

数据量为n时

第一步 在用n来表示计算所需的时间时，通常会省略n的系数，同时将常数写为1。

例

$$\frac{1}{2}n \rightarrow n \qquad \text{省略系数。}$$

$$3 \quad \rightarrow 1 \qquad \text{常数写为1}$$

将常数写成1也可以认为是省略系数的一种。例如，3可以表示为"3×1"，省略系数3的话，就写成了1。

例

$$3 \rightarrow 3×1 \rightarrow 1 \qquad \text{省略系数。}$$

啊，$\frac{1}{2}n$ 和 n 是一样的吗？它们差了两倍啊。

在实际编程中选择算法的时候，这两倍的差距也是不能忽视的。但哪种情况下可以不考虑这种倍数的差别，必须根据实际情况来判断。

（继续 ↗）

现在这个阶段，写什么程序，用什么计算机运行，有多少数据，这些具体的信息都完全没有确定。

这样的话，就可以忽略系数，粗略地算一下就好了。

第二步 然后，只留下主项，省略其他项。所谓主项，是 n 变大的时候，增加的速度最快的项。这里的项是指计算量表达式的独立的一个部分（例如 n、1、$\log n$ 等）。

例
$n + 1 \quad \rightarrow \quad n$ 只留下主项。
$n + \log n \rightarrow n$ 只留下主项。

主项是什么？

n 变大的时候，变化最大的项。通过图表就很容易选择了。

（继续 ↗）

看下方图表的右侧，越是上面的曲线越是大的项。

在这个图表中，从大到小依次是 n^2、$n\log n$、n、$\log n$、1。

在右边的图表中，横轴表示 n 的值，纵轴表示计算量（n^2、$n\log n$、n、$\log n$、1）的值。n 变大时（在图表中向右移动），值变大（在图表中向上移动）的程度因计算量而异。另外，在本书处理的算法中，$\log n$ 的底为2，因此在该图表中，$\log n$ 的底也为2。

▼计算量的图表

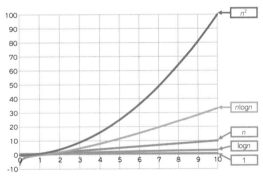

第三步 最后，加上 O 和括号，完成。

例
$n \rightarrow O(n)$ 　　加上 O 和括号。

在实际编程中选择算法时，也必须考虑省略的项。

首先要考虑有没有必要省略……如图表所示，如果数据量 n 足够大，那么省略项的存在感就会变小。

（继续 ↗）

试着运行程序也很重要。如果和预想不同，计算时间太长的话，那就必须要重新看看算法设计是否合适。

Q 问题：大O表示法的写法。

假设数据量为n时，计算的次数为"$\frac{1}{2}n+\log n+3$"。请用大O表示法表示出计算量。

 首先省略系数。

（继续 ↗）

 常数写为1。

 现在只剩下确认主项了。参考一下刚才的图表。

A 回答

例

$$\frac{1}{2}n + \log n + 3$$
→ $n + \log n + 3$　　省略系数 $\frac{1}{2}$
→ $n + \log n + 1$　　常数写为1。
→ n　　　　　　　　只留下主项。

答案是"O(n)"。

 在刚才的图表中比较n、$\log n$和1，最后只留下了变化最大的n。

（继续 ↗）

 确实n是最大的，但也没有太大的差别。

 增加数据量看看吧！

▼增加数据量时计算量的图表

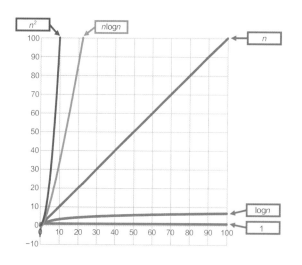

 刚才的图表数据量是10，这个的数据量是100。

 这个图表中能很明显地看到n比$\log n$大。

 n^2和$n\log n$太大了，都超出图表了！

 $\log n$和1虽然还很接近，但是数据量再增加的话，它们之间的差别也会扩大的。

函数

　　所谓函数，是指接受输入值，然后使用该值进行计算，并将计算结果作为输出值返回的程序结构。它原本是一个数学术语，但是很多编程语言中都有函数的概念。在编程中，函数的输入值称为参数，输出值称为返回值。不过，在程序中使用的函数，也有不接受输入值（参数）的函数，也有没有返回值的函数。

▼函数的输入值（参数）和输出值（返回值）

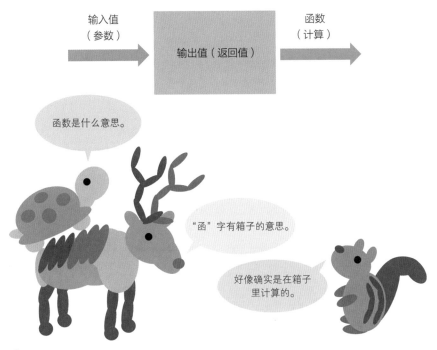

◎ 方法

　　方法是类似于函数的程序结构，其特点是与数据结构（多为类和对象）相结合。方法接受输入值（参数）、操作数据结构、返回输出值（返回值）。例如，在第1章（1-2）中，为了在Python的列表中存入数据而使用的append和为了取出数据而使用的pop就是与列表相结合的方法。委托与数据结构相结合的方法来操作数据结构的效果可以通过下图来展示。

▼方法就像接待员一样接受委托

\ 挑战! /

线性搜索法的程序

启动从数组中搜索所需数据的程序。

 可以使用Python从数组中找到想要的数据吗？

 当然。下面来实际搜索一下吧。

如果安装了Python，请按照安装指南中的说明启动解释器。如果解释器已经启动，可以直接使用。

执行程序
```
Python 3.…
Type "help", "copyright", "credits" or "license" for more information.
>>>
```

 首先，把搜索用的数据存入数组中。

 包裹表示数据，带号码的格子表示数组。

▼搜索用数据

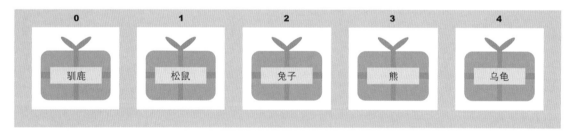

在数组（Python的列表）中，存入"驯鹿""松鼠""兔子""熊"和"乌龟"。将数组命名为x。请输入以下的内容，然后按下Enter键。注意"驯鹿"等动物的名称输入中文，其他字符要全部用半角的英文字符输入。

执行程序
```
Python 3.…
Type "help", "copyright", "credits" or "license" for more information.
>>> x =['驯鹿','松鼠','兔子','熊','乌龟']     ←定义数组（用户输入）
>>>                                          ←提示符（解释器自动输出的）
```

确认一下数组中的数据是否正确。输入"x"并按下Enter键。

```
执行程序
>>> x                              ←数组的名称（用户输入）
['驯鹿','松鼠','兔子','熊','乌龟']   ←数组的内容（解释器自动输出的）
```

搜索一下"乌龟"吧。输入"x.index（'乌龟'）"并按下Enter键。

```
执行程序
>>> x.index('乌龟')        ←搜索"乌龟"（用户输入）
4                          ←"乌龟"的编号（解释器自动输出的）
```

答案是4。

index是什么？

看刚才的图，"乌龟"的包裹确实在4号格子里！

（继续 ↗）

index的功能是返回指定数据的编号。在 Python 的列表中，编号被称为索引。

那再搜索一下"松鼠"吧！

搜索一下"松鼠"吧。输入"x.index（'松鼠'）"并按下Enter键。

```
执行程序
>>> x.index('松鼠')
1
```

"松鼠"确实在1号格子。搜索成功！

使用index通过线性搜索法查找指定的数据时，如果存在多个指定的数据，那么会返回最先找到数据的编号。

也找一下"训鹿"吧。

啊？搜索"训鹿"后，显示的是Value Error。

（继续 ↗）

如果使用index找不到指定的数据，那么就会显示ValueError。

数组中应该有"驯鹿"呀……

这个"训鹿"写的不对吧……

啊，把"驯"写成"训"了，难怪没查到！

Q 问题: 搜索组合数据的程序。

 前面写过一个把用户名、经验值、账户汇总起来存入数组的程序吧?

 是的,有这样一个程序。

请像下面这样输入,并按下Enter键。因为一行太长了,所以在书上变成了两行,但在计算机上输入的时候不要换行。

执行程序

```
>>> x = [['tanuki', 10, 300], ['kitsune', 40, 600],    ←不换行,继续输入
['tonakai', 20, 500], ['neko', 70, 800]]              ←定义数组(用户输入)
>>>                                                     ←提示符(解释器自动输出的)
```

数组已命名为x。确认一下数组的内容,请输入"x"并按下Enter键。

执行程序

```
>>> x                                              ←数组的名称(用户输入)
[['tanuki', 10, 300], ['kitsune', 40, 600],
['tonakai', 20, 500], ['neko', 70, 800]]           ←数组的内容(解释器自动输出的)
```

 要在这个数组中搜索指定的数据,程序应该怎么写呢?

(继续 ↗)

 例如,想取出驯鹿(tonakai)的数据。

 了解。首先把这个数组做成一张图吧。

▼汇总了用户数据的数组

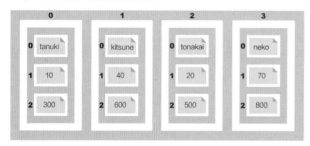

 这个格子里面是还有格子吗?

 是的。这个是由数组组成的数组,称为二维数组。

(继续 ↗)

 为了取出驯鹿的数据,可以从开头依次查看外侧大的格子,而在大格子中只需要找到内部0号格子为tonakai的数据就可以了。

 没错。用这样的程序就可以了。

在前面的程序之后，输入"[y for y in x if y[0]=='tonakai']"并按下Enter键。

执行程序

```
>>> [y for y in x if y[0] == 'tonakai']    ←取出驯鹿的数据（用户输入）
[['tonakai', 20, 500]]                      ←取出的数据（解释器自动输出的）
```

驯鹿的数据顺利取出来了。

这是什么程序？

（继续 ↗）

这个程序就和刚才驯鹿说的操作是一样的，只是这里通过Python来表现了。

能讲讲程序中各个部分的意义吗？

没问题。我们把Python程序分解成几个部分，然后试着说明一下各部分的作用。

▼取出驯鹿数据的Python程序

[y for y in x if y[0] == 'tonakai']

在x中从头依次查看外侧大的格子，
将大格子取出，命名为y。

查看大格子（y）的0号格子中数据是否为tonakai。

如果找到tonakai，把大格子（y）放在结果的列表里。

和说明相比，Python程序要短得多。

能用非常短的程序实现复杂的处理，是Python的特征之一。

说明最后的"结果的列表"是什么？

（继续 ↗）

这里整句程序依然放在了一对方括号中，这表示是将处理的结果汇总到列表中输出的。

难怪最后输出的结果不是['tonakai', 20, 500]，而是[['tonakai', 20, 500]]。

两侧各多了1个[和]。

最外侧的[和]就表示结果的列表。

要找的东西在前面？还是在后面？——二分查找法

> 当数据按大小顺序排列时，可以使用二分查找法。二分查找法是一种计算量比线性搜索法小的算法。

二分查找法可以在数据预先按照大小顺序排列的情况下使用。二分查找法的计算量比线性搜索法小，所以有可能会在更短的时间内找到目标数据。

 先要将数据按大小顺序排列，怎么办？

 下一章会介绍排序算法的！

试着从很多包裹中使用二分查找法找到目标包裹吧。还是寻找"键"为"乌龟"的包裹（数据）。二分查找法的特征是，每查找一个键，搜索的范围就缩小一半（约二分之一）。

▼用二分查找法寻找键为"乌龟"的数据

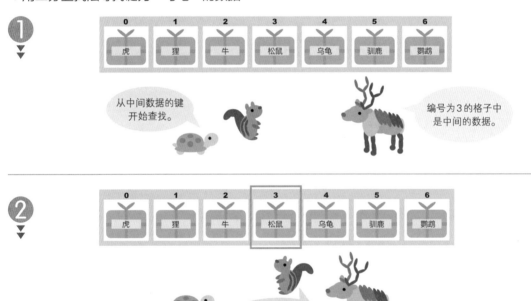

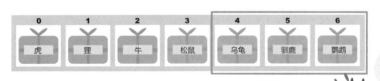

 接下来要查哪些数据呢？

 按照拼音首字母排列，"乌龟"的"w"比"松鼠"的"s"要靠后。

 因此"键"为"乌龟"的数据应该比键为"松鼠"的数据更靠后。

4

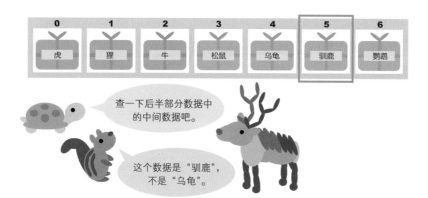

查一下后半部分数据中的中间数据吧。

这个数据是"驯鹿"，不是"乌龟"。

5

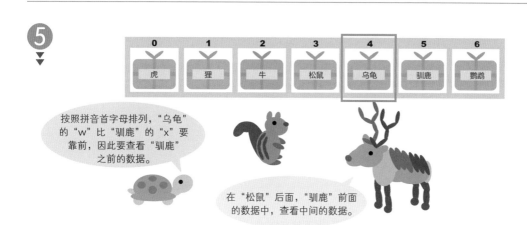

按照拼音首字母排列，"乌龟"的"w"比"驯鹿"的"x"要靠前，因此要查看"驯鹿"之前的数据。

在"松鼠"后面，"驯鹿"前面的数据中，查看中间的数据。

6

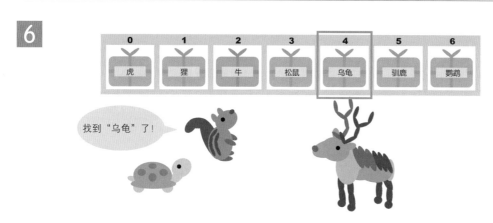

找到"乌龟"了！

 随着查询范围的缩小，最后剩下的只有"乌龟"了。

 如果最后的数据不是"乌龟"的话，那就是找不到了。

（继续 ↗）

 如果找不到的话，那么就将以"找不到"结束搜索。

 这次最后只剩一个数据了。也就是说，这次是最坏的情况。

 针对最坏和最好的情况，试着求出二分查找法的计算量。

\ 挑战! /
找出最坏和最好情况的计算量

在最坏和最好的情况下，试着求出二分查找法的计算量。

对15个数据用二分查找法进行搜索。数一下查找数据键值的次数最多是几次。

▼15个数据

在二分查找法中，每次都会将搜索数据的范围缩小约一半。如果搜索的键值与目标数据一致，或者是搜索范围中包含的数据量为1，则搜索结束。

什么时候是最坏的情况呢？

（继续 ↗）

到最后都没有找到目标数据的时候，是最坏的情况吧。

嗯。针对最坏的情况，试着数一下查找数据键值的次数。

▼用二分查找法查找数据键值的最大次数

❶

查一下中间
数据的键值……
（第1次）

❷

如果不是目标值，
则将搜索范围减半。

在寻找的范围内，
查看中间数据的键值……
（第2次）

如果不是目标值，则将
搜索范围再减半。

同样，在寻找范围中查看中间
数据的键值……（第3次）

如果不是目标值，
则将搜索范围再减半。

搜索范围内包含的数据只有一个了。
查看这个数据的键值，搜索结束。
（第4次）

在这个例子中，最大次数为"4次"。

有一种情况也是最坏的情况。

 例如，目标数据在开头的情况也是最坏的情况。自己画图分析一下吧。

 根据结果，算一下二分查找法在最坏情况下的计算量吧。

▼在找到目标键值之前，最多要查找几次（1）

数据量	查找的次数
7	3
15	4
n	$\log n$

 二分查找法在最坏情况下的计算量，用大O表示法写作O($\log n$)。

 线性搜索法在最坏情况下的计算量是O(n)。

 再看一下学习大O表示法时的图表。

 n的值大的时候，$\log n$比n小。

 这就是说在最坏的情况下，与O(n)的线性搜索法相比，O($\log n$)的二分查找法在找到目标数据时花费的时间更少。

▼增加数据量时计算量的图表（再次展示）

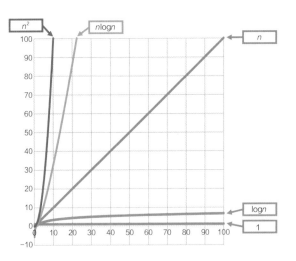

在线性搜索法中，在找到目标数据之前，最坏的情况是需要查看所有的数据。而二分查找法中，即使是最坏的情况，也不需要查看所有的数据。

 对了，log是什么？

 log是求对数的函数，被称为对数函数。

 对数又是什么？

 简单地说，$\log n$表示"被称为底的值乘几次就变成了n"。

（继续 ➤）

如果底的值改变了，那么对数的值也会改变。在计算量中，底以系数相同的方式处理并省略，而在本书处理的算法中，底是2，因此这里将底当作2来考虑。

当底为2时，那么 log 8 的值就是3。

 2 × 2 × 2 = 8，2乘以3等于8。

 反过来，将8除以2三次，就会变成1。

（继续 ↗）

 8÷2÷2÷2＝1。

 也就是说，将除以2的操作执行 $\log n$ 次等于1？

 没错。在刚才的表中，试着追加将除以2的操作执行"查找的次数"后得到的值。

▼ 在找到目标键值之前，最多要查找几次（2）

数据量	查找的次数	将除以2的操作执行"查找的次数"后得到的值
7	3	0.875
15	4	0.9375
n	$\log n$	1

 追加的值都在1以下。

 这意味着什么呢？

（继续 ↗）

 在二分查找法中，每查找一次键值，搜索范围减少约一半。即使是最坏的情况，如果搜索范围内剩下的数据少于一个，搜索也就结束了。

 如果只是上表的"查找次数"的话，无论在什么情况下，剩下的数据都在1个以下，搜索就结束了。

严格地说，每查看一次键值，都会排除查过键值的数据，这样实际上剩余数据的范围是小于一半的。下面为了简单起见，假设每次搜索的数据量正好是之前数据量的一半。实际上搜索的速度会稍快一点，因为搜索的范围实际上更小。

 数据量为7的时候，查找的次数为3次，也就是说7除以2三次，剩下的数据在1个以下，这样搜索就结束了。

 实际上查了两次键值，剩下的数据就只有一个了，最后查了这个数据的键值就结束了。总共查了三次。

 数据量为15的时候，查找的次数为4次，也就是说15除以2四次，剩下的数据在1个以下，这样搜索就结束了。

（继续 ↗）

 实际上查了三次键值，剩下的数据就只有一个了，最后查了这个数据的键值就结束了。

 在数据量为 n 的时候，如果查找了 $\log n$ 次键值，那么剩余的数据将在1个以下。最后再查一次对应数据的键值，搜索就结束了。

 剩下的数据少于1个？

 我们通过下面的图来说明一下。

当数据量为n时，严格地说，剩余的数据不会正好是一个。但为了完成查找键值数据以及继续搜索的任务，最后的数据都会查看一下。虽然剩下的数据量在1个以下。

▼如果查看了logn次键值，那么最后搜索范围的数据在1个以下

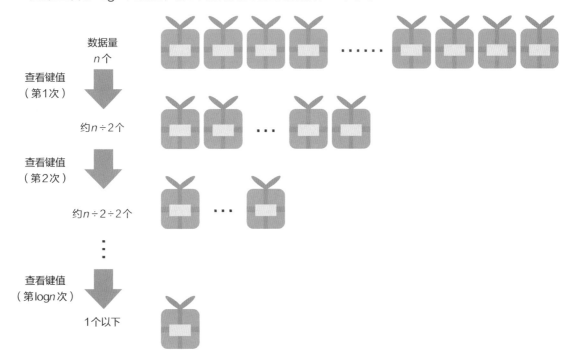

数据量
n个

查看键值
（第1次）

约n÷2个

查看键值
（第2次）

约n÷2÷2个

查看键值
（第logn次）

1个以下

 试着用大O表示法写出乌龟说的"查看了logn次键值，最后再查一次对应数据的键值"，如右侧所示。

 原来如此，二分查找法最坏情况的计算量就是这样变成O(logn)的啊！

 接下来看看最好的情况吧。

思考的过程

logn + 1	查看键值的次数
→ logn	只留下主项
→ O(logn)	加上O和括号。

◎ 二分查找法计算量的最好情况

在最好的情况下，试着求出二分查找法的计算量吧。用二分查找法，最快找到目标数据是什么情况呢。

 查找的数据在哪里能以最快的速度找到，试着把包裹圈出来。

回答栏

把包裹圈出来。

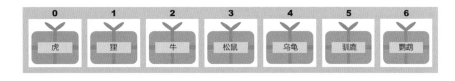

 在二分查找法中，首先要查的是中间的数据。

 回答

▼二分查找法中最好的情况

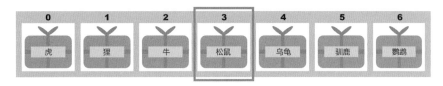

 最先查找的键值数据，可能是中间的任何数据。

 这么简单就找到了。

 因为是在第一次查找数据时就找到了，所以二分查找法中最好情况的计算量是O(1)。总结一下如右侧表格所示。

 在最好的情况下，二分查找法和线性搜索法都是O(1)。

 在最坏的情况下，二分查找法是O(log$n$)，线性搜索法是O(n)。

 数据已经按大小顺序排列的时候，最好使用二分查找法。

▼在用二分查找法找到目标键值之前，要查找几次

	数据量	查找的次数	大O表示法
最坏	n	log$n$	O(log$n$)
最好	n	1	O(1)

▼在用线性搜索法找到目标键值之前，要查找几次（再次展示）

	数据量	查找的次数	大O表示法
最坏	n	n	O(n)
最好	n	1	O(1)

　　Python主要使用线性搜索法和下面介绍的散列法。虽然也可以使用二分查找法，但是因为二分查找法需要先按照大小顺序排列数据，而散列法更高效，所以二分查找法的使用频率不高。

一击必中——散列法

请函数告诉我数据的所在。如果使用得当，散列法是计算量非常小的算法。

Q 问题: 数据搜索的方法。

在3种方法中，哪一种能更快地找到目标数据。比如查找键值为"驯鹿"的数据。

▼方法1

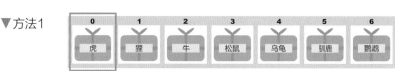

0	1	2	3	4	5	6
虎	狸	牛	松鼠	乌龟	驯鹿	鹦鹉

方法1: 从一端开始查找包裹"驯鹿"。

▼方法2

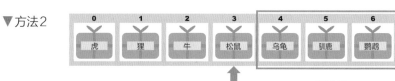

0	1	2	3	4	5	6
虎	狸	牛	松鼠	乌龟	驯鹿	鹦鹉

这是"松鼠"。
"驯鹿"的"x"比"松鼠"的"s"还要靠后。

按拼音首字母排列，"驯鹿"应该在后面。在后面找"驯鹿"吧。

▼方法3

0	1	2	3	4	5	6
虎	狸	牛	松鼠	乌龟	驯鹿	鹦鹉

知道包裹"驯鹿"在哪里吗？

在第5格。

A 回答

最终能最快找到数据的方法是哪种？

如果驯鹿的回答速度快的话，那么方法3是一瞬间就找到数据了吧！

（继续 ➦）

方法1是线性搜索法，要查看6次。方法2为二分查找法，要查看2次。但是，方法3只需一次提问就能找到目标数据。不管是最坏的情况还是最好的情况，都是一次。

方法3，不管是最坏还是最好，计算量都是O(1)？

方法3是计算量为O(1)的搜索方法，称为散列法（也称为哈希搜索法）。散列法中的要点是散列函数。

 可以这样使用散列函数。

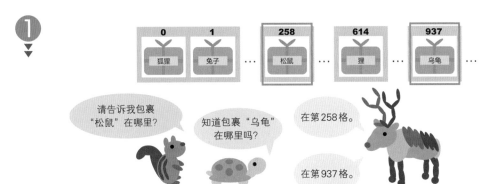

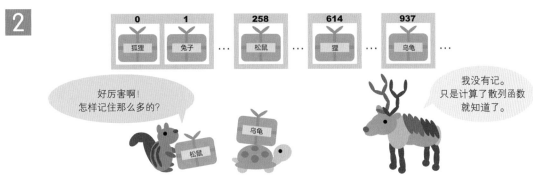

 这么厉害的散列函数，是怎么得到的？

 这个？散列函数是自己算的。

散列函数是对数据（键）进行某种计算，求出被称为哈希值（或"散列值"）的函数。驯鹿使用的散列函数，计算"松鼠"这个键值得到了258这个值，计算"乌龟"这个键值得到了937这个值。根据用途不同，可以设计各种各样的散列函数。

 乌龟也想用散列法。

 那么，从用散列法存储数据开始试试看吧。

用散列法存储数据的地方被称为散列表（或哈希表）。在数组中实现散列表时，会使用散列函数求出的哈希值作为数组的编号。

 用什么散列函数好呢？

 这里，作为一个简单的例子，我们使用的散列函数是将"键值的全拼字母数作为哈希值"。

▼ 使用散列函数存储数据

 键值"狸"的全拼是两个字母，所以哈希值是2。

（继续 ↗）

 因为哈希值是2，所以把数据存在了散列表的2号格子中。

 就是这样。用同样的方法，试着解决下面的问题。

Q 问题: 使用散列函数存储数据。

对于键值为"驯鹿"的数据，请使用散列函数求哈希值，决定数据存储的位置。

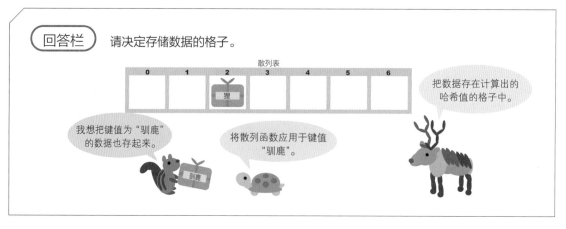

 "驯鹿"的全拼有5个字母。

A 回答

求哈希值

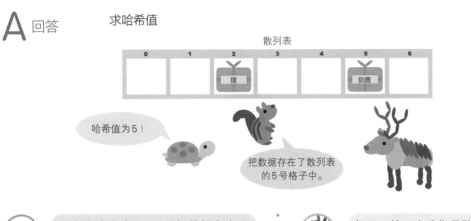

散列表

0	1	2	3	4	5	6
		狸			驯鹿	

哈希值为5！

把数据存了散列表的5号格子中。

 因为哈希值为5，所以把数据存在了散列表的5号格子中。

（继续 ↗）

 好了，接下来我们用散列函数来搜索数据。

搜索"狸"的数据。

▼ 使用散列函数搜索数据

散列表

0	1	2	3	4	5	6
		狸			驯鹿	

我想取出键值为"狸"的数据。

数据在哪里呢？

如果将散列函数应用于键值"狸"，则结果为2。

散列表

0	1	2	3	4	5	6
		狸			驯鹿	

查一下散列表的2号。

正是要寻找的数据！

 存储数据和搜索数据的时候，都使用同样的散列函数。

（继续 ↗）

 如果使用散列函数，存储数据和搜索数据都是一下就完成了！好厉害啊！

但是，也有不能一下就完成的情况……

哈希值发生冲突怎么办？

对于不同的数据（键），散列函数求出的哈希值有可能是相同的，这称为哈希值的冲突。

当哈希值发生冲突时……

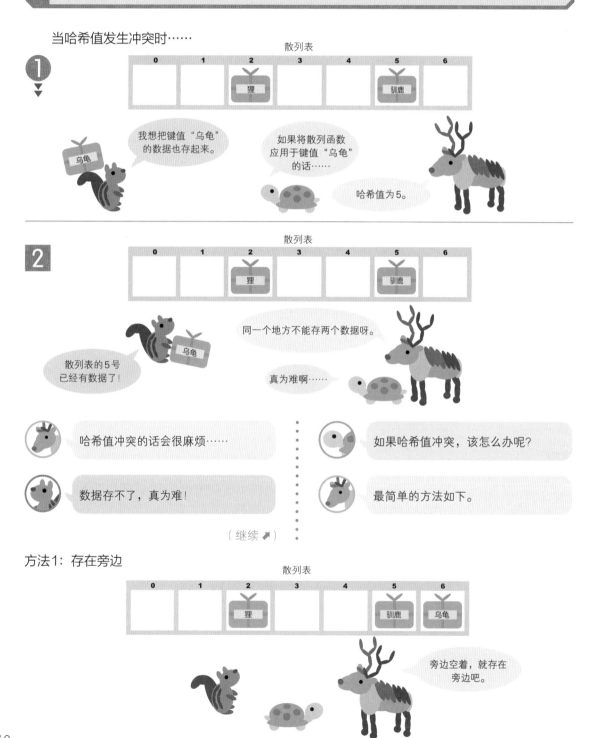

方法1：存在旁边

存在旁边？这个，搜索数据的时候不感到为难吗？

 先求哈希值，查一下格子，如果没找到数据的话，也会在旁边看看吗？

（继续 ↗）

 虽然好像很随意，但就是这样。

针对哈希值的冲突，设计了各种各样的对策。这种存在旁边的方法确切地说叫开放地址法。在更正式的开放地址法中，不是单纯地存在旁边，而是在冲突时再次使用散列函数求出其他的哈希值，然后将数据存入该哈希值对应的位置。

 方法2：搭格子

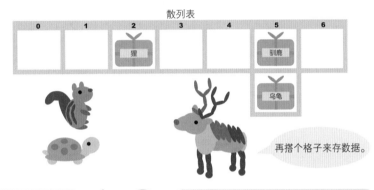

散列表

再搭个格子来存数据。

 也有这样的方法。

 这种情况下，在找到数据的时候，怎么办呢？

（继续 ↗）

 求哈希值，查一下格子，如果没找到数据的话，看搭出来的格子吗？

 虽然看起来变化很大，但就是这样。

当哈希值发生冲突时，再搭个格子的方法称为链地址法。Python采用开放地址法，但也有采用链地址法的编程语言。

 对了，如果要看看旁边，要看搭出来的格子，那就不算是一下就找到了吧？

 散列法的特征是计算量为O(1)，不是吗？

 如果冲突足够少，可以认为是O(1)。但是冲突太多的话，就不能看作是O(1)了。

要减少哈希值冲突，必须针对数据的量准备足够大的散列表，并使用功能良好的散列函数。对于所有的键值，能分别生成不同哈希值的散列函数是最理想的。

如果冲突较少，则散列法的计算量可以视为O(1)。但是冲突越多，就会出现查找数据的时间越长，查找时间偏差越大的问题。

 要根据数据量的大小，决定散列表的大小。

 考虑要处理的键值，设计不引起哈希值冲突的散列函数似乎也很重要。

 如果使用得当，散列法是最坏或最好情况下，计算量都是O(1)的强大的搜索算法。

（继续 ↗）

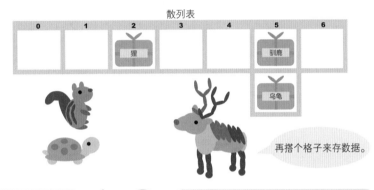

\ 挑战! /

使用散列法搜索数据的程序

启动使用散列法轻松找到数据的程序。

Python中可以使用散列法吗？

可以。试着使用Python的字典功能搜索数据吧。

如果安装了Python，请按照安装指南中的说明启动解释器。如果解释器已经启动，可以直接使用。

执行程序
```
Python 3.…
Type "help", "copyright", "credits" or "license" for more information.
>>>
```

准备一些存在字典中的数据。

还是大家熟悉的用户名、经验值、账户的数据。

表中的"键"和"值"是什么？

在Python的字典里，键和值是组合在一起存储的。可以通过指定的键快速地找到对应的值。

键是用户名，值是经验值和账户组成的列表。

▼存在字典中的数据

键	值
tanuki	[10, 300]
kitsune	[40, 600]
tonakai	[20, 500]
neko	[70, 800]

在字典中存入上述数据，命名为x。请像下面这样输入，并按下Enter键。因为一行太长了，所以在书上变成了两行，但在计算机上输入的时候不要换行。

执行程序
```
>>> x = {'tanuki': [10, 300], 'kitsune': [40, 600],    ←不换行，在一行输入
'tonakai': [20, 500], 'neko': [70, 800]}              ←定义字典（用户输入）
>>>                                                    ←提示符（解释器自动输出的）
```

和列表不同，请注意在字典中使用的是大括号{和}。
另外，键和值之间是用冒号(:)分隔的。

确认一下字典的内容，请输入"x"并按下Enter键。

执行程序

```
>>> x
{'tanuki': [10, 300], 'kitsune': [40, 600],
'tonakai': [20, 500], 'neko': [70, 800]}
```

←字典的名称（用户输入）

←字典的内容（解释器自动输出的）

 好像很顺利地将数据存在了字典中。　　 试着取出驯鹿（tonakai）的数据。

在刚才的界面中，输入"x['tonakai']"并按下Enter键。

执行程序

```
>>> x['tonakai']
[20, 500]
```

←取出驯鹿的数据（用户输入）

←取出的数据（解释器自动输出的）

 显示了与键tonakai对应的值为20和500。

 总觉得就应该这样……

 现在，在取出数据时，使用了散列法。

 原来如此。试着取出其他用户的值吧！

小专栏

密码学散列函数

　　密码学散列函数是一种专门适用于加密和安全用途的散列函数。比特币等数字货币中就要使用密码学散列函数。除了具有一般散列函数的特性外，密码学散列函数还具有以下特点。

◎ 不能通过哈希值获得实际上原始的输入值。

◎ 实际中两个不同的输入值不能求出相同的哈希值。

◎ 当输入值稍微改变时，哈希值就会变成与之前的哈希值完全不同的值。

排列 ——————

根据值的大小顺序重新排列数据。

第 3 章

排序的算法

试着排列一下吧！——排序

排序对工作和生活都有帮助。

数据按大小顺序重新排列被称为排序。排序对于工作是有帮助的，比如选出消费金额大的顾客发送优惠券。

▼筛选发送优惠券的顾客

另一方面，排序对游戏也有帮助。例如，为了提高使用3D计算机图形处理游戏的效率，就可以使用排序。3D计算机图形使用一种叫作点光源的机制来表现像灯泡一样的灯光，但是这个点光源的数量太多会加重计算机的负担，让计算机处理效率变慢。因此，可以使用排序，以优先显示附近的点光源。

▼在3D计算机图形中的应用

和第2章介绍的搜索一样，因为排序也经常使用，所以有各种各样的排序方法。本章将介绍5种代表性的方法，会比较它们的排序步骤、计算量以及效率。

\ 挑战! /

排序程序

启动对数据进行排序的程序。

 用 Python 把这个顾客名单上的数据按照消费金额从大到小的顺序排序。

▼ 顾客名单的数据

顾客名单	消费金额/元
兔子	5000
蛇	12000
熊	3000
狸	8000
甲虫	15000

如果安装了 Python，请按照安装指南中的说明启动解释器。如果解释器已经启动，可以直接使用。

执行程序

```
Python 3.…
Type "help", "copyright", "credits" or "license" for more information.
>>>
```

 首先简单地对消费金额的数据进行排序吧。

在数组（Python 的列表）中存入消费金额，并将其命名为 x。请输入以下的内容，然后按下 Enter 键。

执行程序

```
Python 3.…
Type "help", "copyright", "credits" or "license" for more information.
>>> x = [5000, 12000, 3000, 8000, 15000]     ←定义数组（用户输入）
>>>                                           ←提示符（解释器自动输出的）
```

确认一下数组中的数据是否正确。输入"x"并按下 Enter 键。

执行程序

```
>>> x                            ←数组的名称（用户输入）
[5000, 12000, 3000, 8000, 15000] ←数组的内容（解释器自动输出的）
```

试着将数据按升序进行排序，即"数值由小到大"。请输入"sorted(x)"并按下Enter键。sorted是对数据进行排序并返回结果数组（Python的列表）的函数。

执行程序

```
>>> sorted(x)                    ←将数据排序（用户输入）
[3000, 5000, 8000, 12000, 15000]  ←结果的列表（解释器自动输出的）
```

 将消费金额按从小到大的顺序排序了。

 可以逆序排序吗？

（继续 ↗）

 可以。请输入以下内容。

试着将数据按降序排序，即"数值由大到小"。请输入"sorted(x, reverse=True)"并按下Enter键。

执行程序

```
>>> sorted(x, reverse=True)           ←将数据排序（用户输入）
[15000, 12000, 8000, 5000, 3000]      ←结果的列表（解释器自动输出的）
```

reverse是"相反"的意思，True是"真"的意思。在Python中，True表示"是的"。如果在sorted函数中写"reverse=True"，表示排序的顺序就会颠倒，这样就能实现对数据的降序排序。

Q 问题: 对顾客名和消费金额进行排序的程序。

 消费最多的人花了15000元，那是谁呀？

 这次，试着对顾客名和消费金额的数据进行排序吧。

▼汇总顾客名和消费金额

把顾客名和消费金额汇总在一起。

消费金额5000

顾客名兔子

请输入以下内容，然后按下Enter键。因为一行太长了，所以在书上变成了两行，但在计算机上输入的时候不要换行。注意"兔子"等动物的名称输入中文，其他字符要用半角的英文字符输入。

```
执行程序
>>> x = [['兔子',5000],['蛇',12000],['熊',3000],    ←不换行
['狸',8000],['甲虫',15000]]                          ←定义数组（用户输入）
>>>                                                  ←提示符（解释器自动输出的）
```

数组已命名为x。确认一下数组的内容，请输入"x"并按下Enter键。

```
执行程序
>>> x                                                ←数组的名称（用户输入）
[['兔子', 5000], ['蛇', 12000], ['熊', 3000],
['狸', 8000], ['甲虫', 15000]]                       ←数组的内容（解释器自动输出的）
```

将数据按照升序排序。请输入"sorted(x)"并按下Enter键。

```
执行程序
>>> sorted(x)                                        ←将数据排序（用户输入）
[['兔子', 5000], ['熊', 3000], ['狸', 8000],
['甲虫', 15000], ['蛇', 12000]]                      ←排序的结果（解释器自动输出的）
```

 这个结果是按照顾客名的unicode数值排序的。

 二维数组中，会将内侧数组的第一个数据作为排序的键（基准）。

 这里，因为内侧数组的第一个数据是顾客名，所以最后的结果就按顾客名进行了排序。

在二维数组中，会将内侧数组中的数据从第一个开始按顺序进行比较。如果第一个数据相同，就比较第二个数据。例如，"['兔子'，5000]"和"['兔子'，4000]"进行比较，因为第一个数据（兔子）相同，所以会比较第二个数据（5000和4000）来决定数据的排列顺序。以此类推，如果第二个数据相同，就比较第三个数据，如果第三个数据相同，就比较第四个数据。

 如何按消费金额排序呢？

 试着这样输入。

试着把消费金额设为键进行排序。请输入"sorted (x, key=lambda y: y[1])"并按下 Enter键。

> **执行程序**
> ```
> >>> sorted(x, key=lambda y: y[1])              ←将数据排序（用户输入）
> [['熊', 3000], ['兔子', 5000], ['狸', 8000],
>  ['蛇', 12000], ['甲虫', 15000]]               ←排序的结果（解释器自动输出的）
> ```

key能够指定排序的键，而lambda经常与key一起使用，被称为lambda表达式。"lambda y:y[1]"是将内侧数组（客户名和消费金额）命名为y之后，返回编号为1的数据（消费金额）。现在，可以按消费金额对数据进行排序了。

 按消费金额升序排序了。

 怎么按消费金额降序排序呢？

 可以使用刚才介绍的reverse。

试着按消费金额降序排序吧。请输入"sorted(x, key=lambda y: y[1], reverse=True)"并按下Enter键。

> **执行程序**
> ```
> >>> sorted(x, key=lambda y: y[1], reverse=True)   ←将数据排序（用户输入）
> [['甲虫', 15000], ['蛇', 12000], ['狸', 8000],
>  ['兔子', 5000], ['熊', 3000]]                     ←排序的结果（解释器自动输出的）
> ```

 按照最初的目标，按照消费金额从大到小的顺序对顾客名单上的数据进行了排序。

 这次既体验了排序的操作，又学习了各种各样的排序方法。

 Python使用的是哪种排序方法？

 蒂姆排序，这种方法结合了接下来介绍的插入排序和最后介绍的归并排序。

放在队伍的哪里？——插入排序

这是一种在排序对象的数据量较少时可以使用的算法。

插入排序是一种按顺序从前或从后逐个查找数据并在适当位置插入数据来对数据进行排序的方法。

Q 问题: 按身高的顺序排列。

如果按照身高的顺序排列的话，要怎么确定自己的位置呢？

排在谁后面好呢?

A 回答

松鼠先试着与前面的动物比一下吧。

①▶▶ 从前面开始按顺序比吧!

② 乌龟比松鼠矮，因此松鼠排在乌龟的后面。

③▶▶ 驯鹿比松鼠高，因此驯鹿排在松鼠的后面。

④ 这样就按身高的顺序排好了。

这就是插入排序的思路！

 将内存中的数据作为排序对象，再试一次。

◎ 插入排序的步骤

以包裹为例说明插入排序对数据进行排序的步骤。包裹的标签表示排序的键。下面使用插入排序将键值5、2、8、9、3按升序（从小到大）排序。

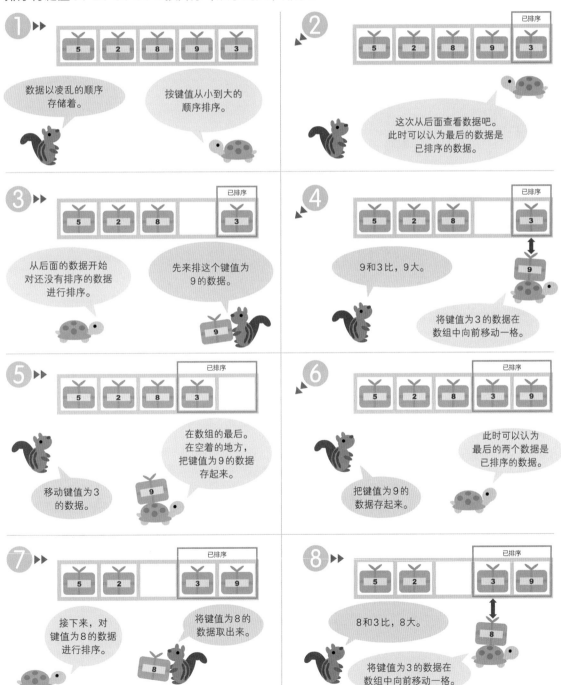

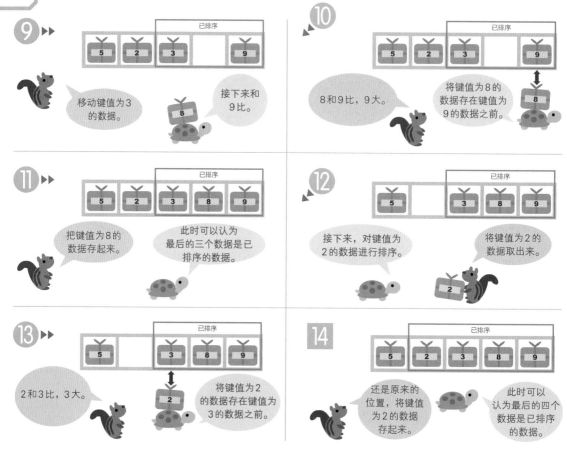

对于键值为2的数据，这里是将数据取出后，又放回到原来的位置。把取出的数据放回原来的地方是徒劳的，不过这样通过图片会更容易理解，所以这里的步骤是这样展示的。另外，因为实际的计算机是复制数据，而不是取出数据，所以格子上只要不破坏就会保留原来的数据。

Q 问题：插入排序的步骤。

试着接着进行排序。

请按照之前的步骤对键值为5的数据进行排序。排序后是如何排列的呢？请填写在下图。

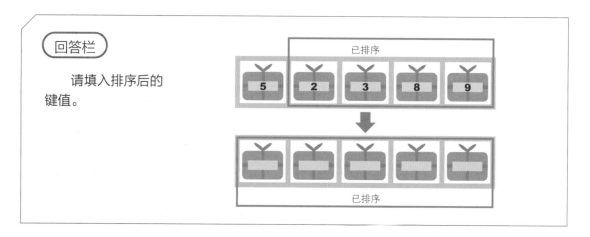

A 回答

① ▶▶

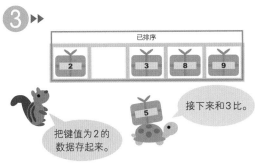

最后，对键值为5的数据进行排序。

将键值为5的数据取出来。

按照插入排序的步骤排序。

② ◀◀

5和2比，5大。

将键值为2的数据在数组中向前移动一格。

③ ▶▶

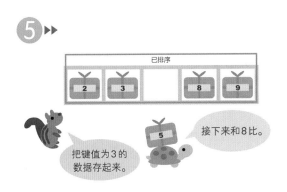

把键值为2的数据存起来。

接下来和3比。

④ ◀◀

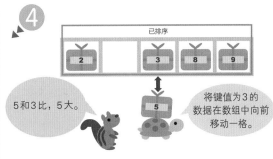

5和3比，5大。

将键值为3的数据在数组中向前移动一格。

⑤ ▶▶

把键值为3的数据存起来。

接下来和8比。

⑥ ◀◀

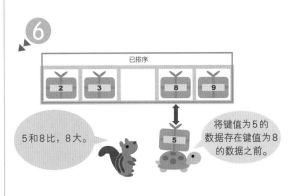

5和8比，8大。

将键值为5的数据存在键值为8的数据之前。

7

已排序

把键值为5的数据存起来。

所有的数据排序完毕。这就是最终的结果。

完成了！虽然数据量不大，但是花了不少的时间呢。

接下来试着求出插入排序的计算量。

插入排序的计算量，最好的情况

对于最不费事的情况，计算插入排序的计算量。

 首先看看插入排序中最好的情况。下面就是一个最好情况的例子，我们要按从小到大的顺序排列数据。

▼插入排序中最好情况的例子

（继续 ↗）

 最好的情况。这个，看起来就是刚才排序的结果呀。

 是的，但如果这有10万个数据的话，我们确认是否已排序是很困难的。

 按照插入排序的操作进行排序吧。

① ▶▶

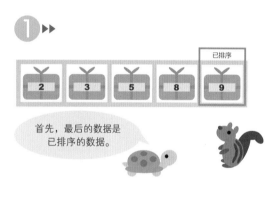

首先，最后的数据是已排序的数据。

② ◀◀

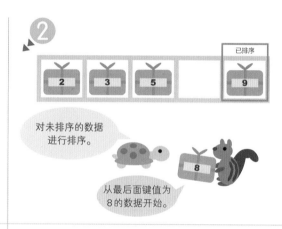

对未排序的数据进行排序。

从最后面键值为8的数据开始。

③ ▶▶

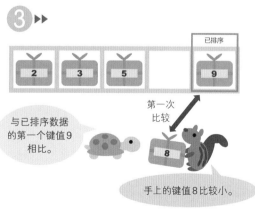

与已排序数据的第一个键值9相比。

第一次比较

手上的键值8比较小。

 键值为8的数据保持在原来的位置就可以了。

4

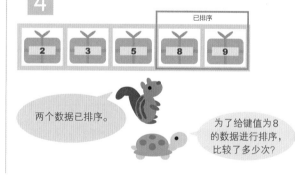

两个数据已排序。

为了给键值为8的数据进行排序，比较了多少次？

 只和键值9进行了比较，1次！

Q 问题: 比较的次数。

对剩余的键值5、3、2进行排序。看看包括刚才的一次在内，一共进行了几次比较呢？

 和刚才的过程一样，把之后排序的键值数据和已排序的键值数据进行比较。

① ▶▶

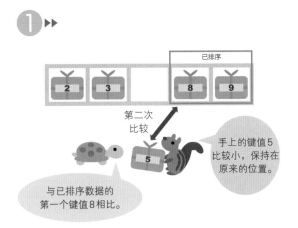

与已排序数据的第一个键值8相比。

第二次比较

手上的键值5比较小，保持在原来的位置。

②

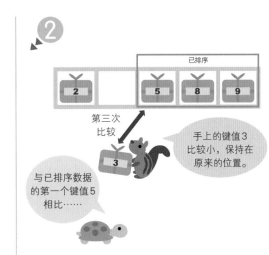

与已排序数据的第一个键值5相比……

第三次比较

手上的键值3比较小，保持在原来的位置。

③ ▶▶

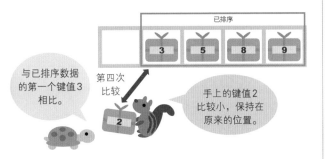

与已排序数据的第一个键值3相比。

第四次比较

手上的键值2比较小，保持在原来的位置。

④

排序完成！

比较了4次。

A 回答: 4次。

 所有的数据都只是和已排序数据的第一个键值进行了比较。

 也就是说，对于任何数据，排序所需的比较次数都是1次。

 这次有5个数据，最后一个数据从一开始就属于已排序的，所以比较的次数是5-1次，也就是4次。

（继续 ↗）

Q 问题: 最好情况下的计算量。

在插入排序的最好情况下，当数据量为 n 时，需要进行几次比较？

 数据量为 n 时，必须排序的数据一共有多少？

 嗯，最后一个数据是不用排序的。

（继续 ↗）

 所以必须排序的数据是 $n-1$ 个。

 对一个数据进行排序，需要进行比较的次数是？

 $n-1$ 次。

A 回答: $n-1$ 次。

 当数据为 n 个时，最后一个数据从一开始就属于已排序的，所以比较的次数是 $n-1$ 次。

 用大 O 表示法写吧。

大O表示法

$$n - 1$$
→ n 只留下主项。
→ $O(n)$ 加上O和括号。

 最好的情况下插入排序的计算量是 $O(n)$。

 接下来，再来看看最坏的情况。

这里介绍一个对数组进行搜索和排序时有用的方法。例如使用线性搜索法从数组中寻找数据时，如果数组中没有目标数据，那么寻找的过程就会出现在数组之外。如何避免出现这种情况呢（在下一节中会给出答案）。

▼如果没有目标数据

 找到"乌龟"就停下来，结果到了数组之外。

哨兵

哨兵是使程序更高效的方法。在搜索满足某个条件的数据时，如果事先将满足该条件（被判定为找到）的数据添加到数组的边缘，则可以省略是否到达数组边缘的判定，这样程序可能会变快。

例如，使用线性搜索法从数组中寻找"乌龟"的数据时，如果"乌龟"的数据不在数组中，那么就会找到数组之外。在这种情况下，在查看数据是否是"乌龟"的同时，还需要确认是否到了数组之外。

▼不使用哨兵的情况

在开始搜索之前，如果在数组的边缘放入"乌龟"的数据作为哨兵的话，就一定会找到"乌龟"的数据，所以不用担心会在数组之外。在这种情况下，只需查看数据是否为"乌龟"即可，不需要确认是否超出了数组。没有了确认处理的部分，这样程序就有可能更快。

▼使用哨兵的情况

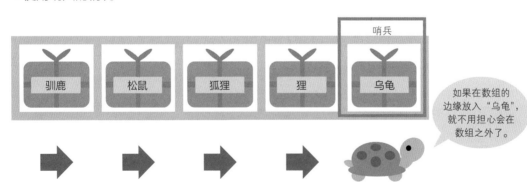

哨兵也被用于插入排序和快速排序等排序算法。另外，使用哨兵后程序会变得多快，这会根据执行程序的计算机的性能不同而不同。

在高速的计算机上，即使测量了程序的执行时间，也可能感觉不到哨兵的效果。不过，这种情况下也有使用哨兵的优点。如果你是一个习惯了使用哨兵的程序员，那么你可以通过使用哨兵让程序更简洁，运行效率更高。

插入排序的计算量，最坏的情况

对于最费事的情况，计算插入排序的计算量。

 这次来看看插入排序中最费事的情况。下面就是一个最坏情况的例子，我们要按从小到大的顺序排列数据。

 这个，看起来是按逆序排列的！

 这个要花多少时间呀？

 实际操作一下吧。

▼ 插入排序中最坏情况的例子

（继续 ↗）

① ▶▶

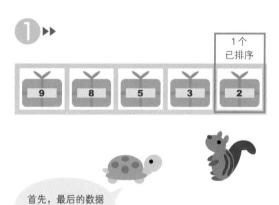

首先，最后的数据是已排序的数据。

② ◢

在未排序的数据中，从后面的数据开始排序。

对键值为3的数据进行排序。与已排序的键值2比较。

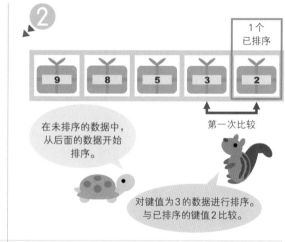

③ ▶▶

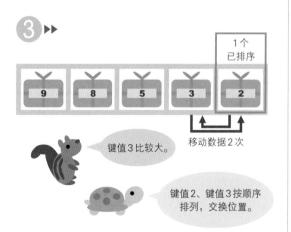

键值3比较大。

键值2、键值3按顺序排列，交换位置。

④ ◢◤

这样，键值3的数据就已排序了。

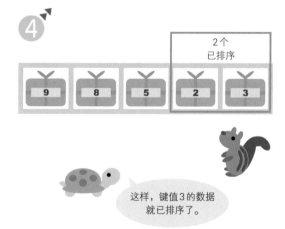

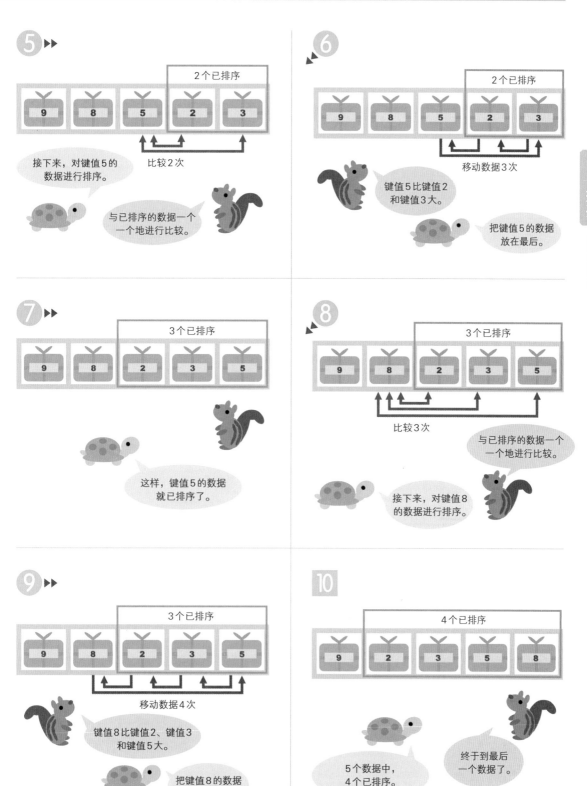

对于最后剩下的键值为9的数据，试着算一下比较和移动的次数。

Q 问题：比较的次数。

对键值9的数据进行排序时，请用箭头将要比较键值的数据连起来。

回答栏

用箭头将要比较键值的数据连起来。

A 回答

▼比较的次数

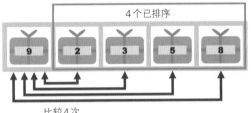

和自己以外的所有键值进行比较。

 键值一共5个，所以需要比较5-1=4次。

 数据量为n，即键值为n个时，应该需要比较$n-1$次。

Q 问题：移动的次数。

对键值为9的数据进行排序时，请用箭头将移动的数据和移动的目标位置连接起来。

回答栏

用箭头将移动的数据和移动的目标位置连接起来。

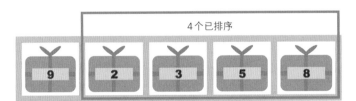

A回答

▼移动的次数

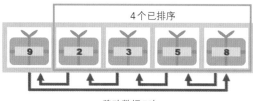

4个已排序

移动数据5次

这次移动了所有的数据。

数据一共是5个，移动的数据也是5个。

数据量为 n 时，要移动 n 个数据。

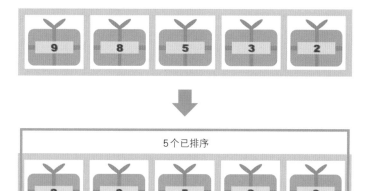

Q 问题：比较次数的合计。

▼最坏情况下的输入数据示例和排序结果

5个已排序

这样，最坏情况下的排序终于完成了。

在对最坏情况下的输入数据示例进行排序时，总共进行了几次比较？

对键值2进行排序时，不进行比较。

这个时候比较了0次。

对键值3进行排序时，与键值2进行了比较。

那时比较只有1次。

对键值5排序时比较了2次，对键值8排序时比较了3次，对键值9进行排序时比较了4次。

比较的次数一共是 1+2+3+4=10 次。

（继续 ↗）

回答：10次。

在对 n 个数据进行排序时，总共要进行几次比较呢？

 一共是 $1+2+3+\cdots+(n-3)+(n-2)+(n-1)$ 次。计算结果为 $\frac{1}{2}n(n-1)$ 次。

 这个计算结果是怎么来的？

 看下图。

（继续）

▼ $1+2+3+\cdots+(n-3)+(n-2)+(n-1)$ 的计算(1)

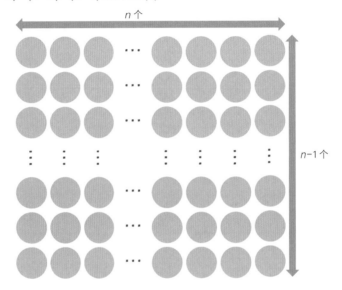

 绿色的圆，横向有 n 个，纵向有 $n-1$ 个，合计就是 $n\times(n-1)=n(n-1)$ 个。

 这里，试着把左下方部分的圆涂成黄色。

▼ $1+2+3+\cdots+(n-3)+(n-2)+(n-1)$ 的计算(2)

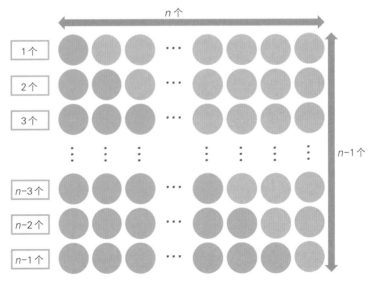

从上往下数黄色圆的话，会注意到分别是1个、2个、3个 …(n−3)个、(n−2)个、(n−1)个。

也就是说，黄色的圆是1+2+3+…+(n−3)+(n−2)+(n−1)个，这就是我们要计算的结果。

黄色的圆正好是所有圆的一半，因此合计是$\frac{1}{2}n(n-1)$个。

（继续 ↗）

也就是说1+2+3+…+(n−3)+(n−2)+(n−1)=$\frac{1}{2}n(n-1)$。

原来是这样计算的。

因此，插入排序在最坏的情况要比较$\frac{1}{2}n(n-1)$次。

Q 问题: 移动次数的合计。

在对最坏的输入数据示例进行排序时，移动数据的次数合计是多少次呢？

参考比较次数的合计，计算一下。

对键值2进行排序时，因为没有移动数据，所以此时移动了0次。

对键值3进行排序时，移动了键值2的数据和键值3的数据。

也就是说此时移动了2次数据。

（继续 ↗）

对键值5进行排序时，移动了键值2、3、5的数据。刚才移动的数据，又移动了……

对，即使是同样的数据，每移动一次也要算一次哦。因为每次移动都是要花时间的。

对键值5进行排序时，移动了3次数据。

对键值8进行排序时，移动了4次，对键值9进行排序时，移动了5次。

所有移动次数加起来就是2+3+4+5=14次。

A 回答: 14次。

在对n个数据进行排序时，总共要移动几次呢？

一共是2+3+4+…+(n−2)+(n−1)+n次。

（继续 ↗）

1+2+3+4+…+(n−2)+(n−1)+n次减去1次，这样容易计算一些。

1+2+3+4+…+(n−2)+(n−1)+n，这和刚才的计算很相似。

看下图。

▼ $1+2+3+\cdots+(n-3)+(n-2)+(n-1)+n$ 的计算

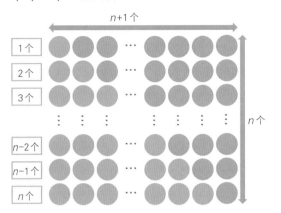

 和刚才的图一模一样。

 有点不同，这次横向是$n+1$个圆，纵向是n个圆。

 黄色的圆是$1+2+3+\cdots+(n-3)+(n-2)+(n-1)+n$个，再减去1个，这就是我们要计算的结果。

（继续 ↗）

 黄色的圆正好是所有圆的一半，因此合计是$\frac{1}{2}n(n+1)$个。

 也就是说答案是$\frac{1}{2}n(n+1)-1$！

 因此，插入排序在最坏的情况下要移动$\frac{1}{2}n(n+1)-1$次数据。

Q 问题：比较合计次数的大O表示法。

 为了计算插入排序最坏情况下的计算量，试着用大O表示法将比较合计次数写出来。

 比较的次数一共是$\frac{1}{2}n(n-1)$次。

▼ 用大O表示法表示为$\frac{1}{2}n(n-1)$

大O表示法：比较的次数	
$\frac{1}{2}n(n-1)$	
$=\ \frac{1}{2}n^2-\frac{1}{2}n$	
$\rightarrow\ n^2+n$	省略系数。
$\rightarrow\ n^2$	只留下主项。
$\rightarrow\ O(n^2)$	加上O和括号。

在$-\frac{1}{2}n$中，是将$-\frac{1}{2}$看成是n的系数，省略后，最后写为$+n$。

A 回答：$O(n^2)$。

问题: 移动合计次数的大O表示法。

 与比较相同，试着用大O表示法将移动合计次数写出来。

 数据的移动次数一共是$\frac{1}{2}n(n+1)-1$次。

▼用大O表示法表示$\frac{1}{2}n(n+1)-1$

大O表示法：移动的次数

$$\frac{1}{2}n(n+1)-1$$

$$=\frac{1}{2}n^2+\frac{1}{2}n-1$$

→ n^2+n+1	省略系数。
→ n^2	只留下主项。
→ $O(n^2)$	加上O和括号。

 回答：$O(n^2)$。

◎ 插入排序最坏情况下的计算量

 因为比较是$O(n^2)$，移动也是$O(n^2)$，所以插入排序最坏情况下的计算量就是$O(n^2)$。

 以实际的计算机为例考虑一下。假设比较1次所需的时间为a、数据移动1次所需的时间为b，那么最坏情况下花费的计算时间就是"$a×$比较次数$+b×$移动次数"。

虽然结论很简单，但是是否正确，我不太确信。

（继续 ↗）

 用大O表示法表示吧！

大O表示法：比较和移动的计算时间

$$a×\text{比较次数}+b×\text{移动次数}$$

$$=a×\frac{1}{2}n(n-1)+b×[\frac{1}{2}n(n+1)-1]$$

$$=\frac{a}{2}n^2-\frac{a}{2}n+\frac{b}{2}n^2+\frac{b}{2}n-b$$

$$=(\frac{a}{2}+\frac{b}{2})n^2-(\frac{a}{2}-\frac{b}{2})n-b$$

→ n^2+n+1	省略系数。
→ n^2	只留下主项。
→ $O(n^2)$	加上O和括号。

 因此，插入排序最坏情况下的计算量就是$O(n^2)$。

　　根据用于计算的计算机的性能，当要排序的数据较少时，插入排序可能比计算量较小的$O(n\log n)$算法更快。在对大量数据进行排序时，可以使用计算量为$O(n\log n)$的快速排序和归并排序，而在排序过程中细分数据组时，可以使用插入排序。

哪个最强？——选择排序

这是一种反复从很多数据中取出最强数据的算法。

选择排序是一种在许多数据中找到最小值（或最大值）并将其移到边缘来对数据进行排序的方法。下面这种情况就类似于选择排序。

▼ 按照速度快的顺序排列

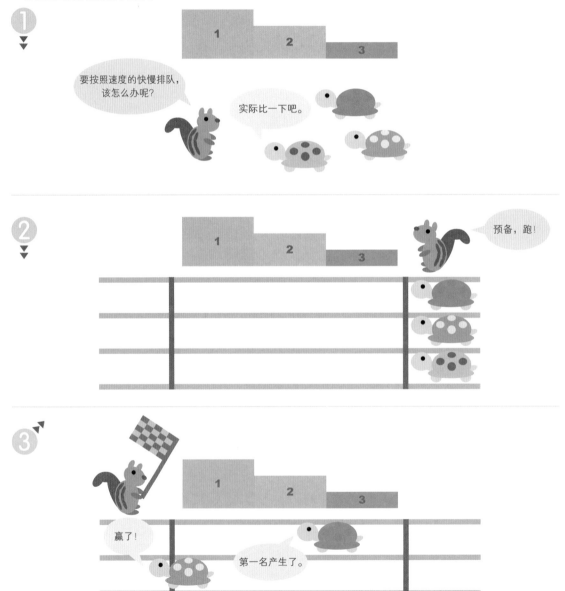

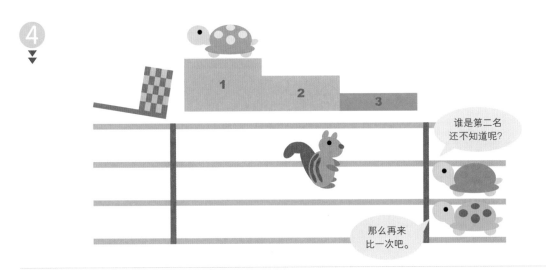

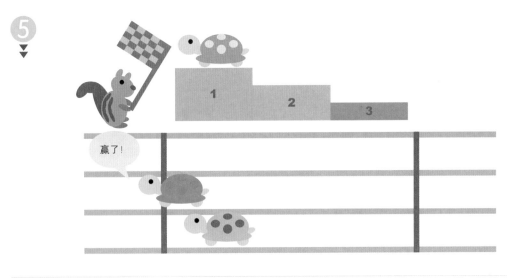

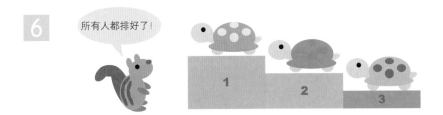

　　选择排序的"选择"，英语是selection，而selection也有淘汰的意思。所谓淘汰，就是适应环境和条件的生存下来。在选择排序中最强的数据被取出，这看起来就像淘汰一样。

3-6

接下来，试着对数据进行选择排序。要按从小到大的顺序排列数据。

▼选择排序

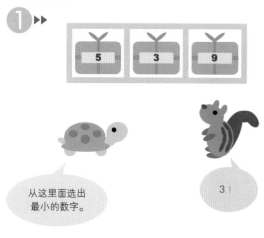

从这里面选出最小的数字。

3！

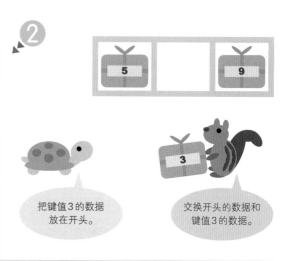

把键值3的数据放在开头。

交换开头的数据和键值3的数据。

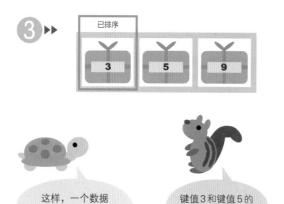

这样，一个数据就排好了。

键值3和键值5的数据换了。

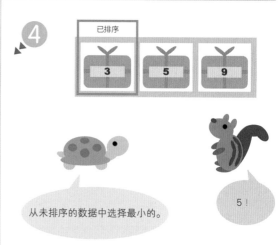

从未排序的数据中选择最小的。

5！

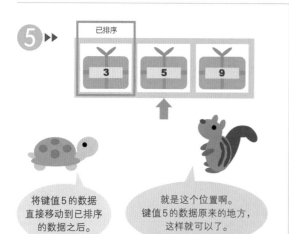

将键值5的数据直接移动到已排序的数据之后。

就是这个位置啊。键值5的数据原来的地方，这样就可以了。

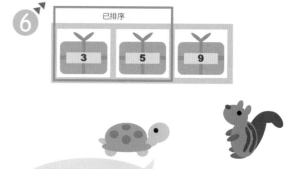

剩下1个键值为9的数据。只有一个数据是不需要重新排列的，所以现在已经排好了。

7

已排序

所有的数据都
排好了！

如何找到键值最小的数据？这三个数
看一眼就知道了。

（继续 ↗）

如果数据增加的话，比如变成100
个，那可能看一眼就选不出来了。

针对数据量大的情况，试着找出一个
切实可行的方法吧。

▼ 找到最小值

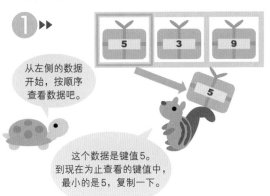

从左侧的数据
开始，按顺序
查看数据吧。

这个数据是键值5。
到现在为止查看的键值中，
最小的是5，复制一下。

比较1次

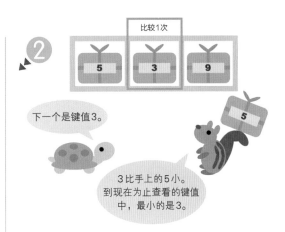

下一个是键值3。

3比手上的5小。
到现在为止查看的键值
中，最小的是3。

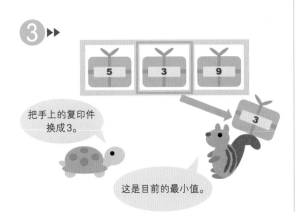

把手上的复印件
换成3。

这是目前的最小值。

4

比较2次

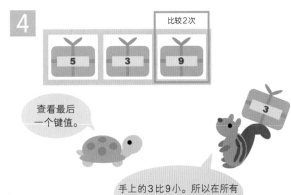

查看最后
一个键值。

手上的3比9小。所以在所有
的键值中，最小的是3！

使用这个比较的次数，求出选择排序的计算量。

选择排序的计算量

求出选择排序的计算量。

 刚才为了找出最小值，比较了几次？

 查看第一个数据的时候没有比较。之后是3比5，最后是3比9。

 所以是比较了2次。

 因为在查看最初的第1个数据时不进行比较，所以数据量为n时的比较次数是……

（继续 ↗）

 $n-1$次！

▼ 为了找出最小值，比较了几次

数据量	比较的次数
n	$n-1$
$n-1$	$n-2$
$n-2$	$n-3$
...	...
3	2
2	1
1	0

 在选择排序完成之前，一共要进行几次比较呢？

 $1+2+3+\cdots+(n-3)+(n-2)+(n-1)$，这个在插入排序中算过。

（继续 ↗）

 计算结果是$\frac{1}{2}n(n-1)$，这就是比较的次数。

 大O表示法写作$O(n^2)$。

 最好的情况和最坏的情况都是$O(n^2)$。

Q 问题：最好情况下交换的次数。

 也要数一下交换数据的次数。

 插入排序的时候，数过数据的移动次数吧。

（继续 ↗）

 在选择排序中，数据是直接移动到对应的位置的。所以计算交换的次数应该会简单一些。

 对于交换次数最小的情况，也就是选择排序最好的情况，试着仔细数一下吧。

对以下数据进行排序时，算一下交换数据的次数。

▼ 选择排序中最好的情况

这次，已经排序的数据也是最好的情况。

实际进行一下选择排序，试着数一数交换的次数。

① ▶▶

首先，从3、5、9中找到最小的。

3最小。

② ◀

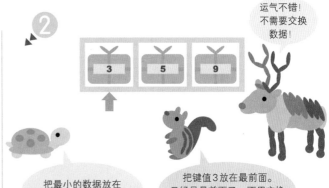

运气不错！不需要交换数据！

把最小的数据放在最前面。

把键值3放在最前面。已经是最前面了，不用交换数据的位置。

③ ▶▶

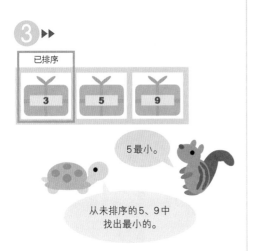

已排序

5最小。

从未排序的5、9中找出最小的。

④ ◀

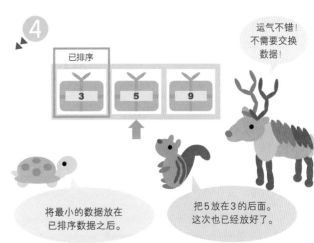

已排序

运气不错！不需要交换数据！

将最小的数据放在已排序数据之后。

把5放在3的后面。这次也已经放好了。

⑤ ▶▶

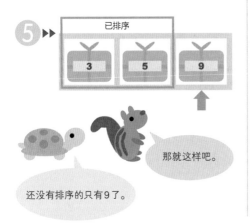

已排序

那就这样吧。

还没有排序的只有9了。

⑥

已排序

选择排序完成了！

回答：0次。

运气好！一次也不用交换数据就完成了排序！！

问题：最坏情况下交换的次数。

这次来看一下选择排序中最坏的情况。

对以下数据进行选择排序时，请算一下交换数据的次数。

选择排序中最坏的情况

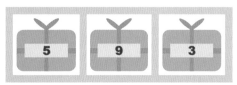

最好的情况是一直运气都很好，最坏的情况是一直运气都不好吗？

是的。在每次对数据进行排序时，就会进行数据交换。

取代之前的两次好运气，这次是进行两次数据交换吗。

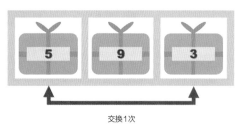

交换1次

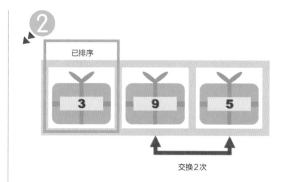

交换2次

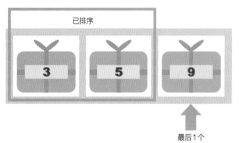

最后1个

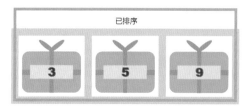

A 回答：2次。

数据量为 n 的时候，交换数据的次数最多是几次呢？

最后剩下的一个数据是不用交换的。

（继续 ↗）

那就是 $n-1$ 次！

用大 O 表示法写作 $O(n)$。

◎ 计算计算量

最后，试着求出选择排序的计算量吧。

假设比较1次所需的时间为 a，数据交换1次所需的时间为 b。

（继续 ↗）

那么选择排序所需的时间就是"$a \times$ 比较次数 $+b \times$ 交换次数"。

首先计算最好情况的计算量。

大O表示法：最好的情况

$a \times$ 比较次数 $+ b \times$ 移动次数

$= a \times \dfrac{1}{2}n(n-1) + b \times 0$

$= \dfrac{a}{2}n^2 - \dfrac{a}{2}n$

→ $n^2 + n$ 省略系数。

→ n^2 只留下主项。

→ $O(n^2)$ 加上O和括号。

再来看一下最坏的情况。

大O表示法：最坏的情况

$a \times$ 比较次数 $+ b \times$ 移动次数

$= a \times \dfrac{1}{2}n(n-1) + b \times (n-1)$

$= \dfrac{a}{2}n^2 - \dfrac{a}{2}n + bn - b$

$= \dfrac{a}{2}n^2 - (\dfrac{a}{2} - b)n - b$

→ $n^2 + n + 1$ 省略系数。

→ n^2 只留下主项。

→ $O(n^2)$ 加上O和括号。

结果只根据比较的次数来决定计算量。

因为比较的次数是 $O(n^2)$，所以选择排序的计算量就是 $O(n^2)$。

交换数据的次数小，是选择排序的优点吗？

如果使用交换数据比较费时间的计算机，那这是一个很大的优势。

作为交换的次数，0和 $n-1$ 都被省略了，因此最后计算量都是 $O(n^2)$。

（继续 ↗）

　　选择排序优化之后的堆排序，其计算量为 $O(n\log n)$。堆排序利用树结构加快了找到最小值的过程。

排序后数据会浮现出来?
——冒泡排序

也许是因为比较好理解,所以这是很多教材中都有介绍的算法。

 先来理解一下什么是冒泡排序吧。

冒泡排序是通过不断地交换相邻数据来对数据进行排序的一种方法。就像气泡上升到水面一样将最小值(或最大值)移动到边缘。

▼最小的数据上升

键值最小的,上来吧!

键值第二小的,上来吧!

键值第三小的,上来吧!

排序完成!

为什么只要叫一下，键值最小的数据就会上来呢？

 来看看内部情况吧。

▼冒泡排序的内部情况

键值最小的，上来吧！

从架子的最下面开始。

比较键值1和2，如果1小的话就换个位置。

好的，交换吧！

比较键值1和3，如果1小的话就换个位置。

好的，再次交换！

来到了架子的最上面。

最上面的数据应该就是最小的键值。

好的，把这个交给松鼠吧。

Q 问题: 冒泡排序的步骤。

请继续执行刚才的冒泡排序。框中的两个数据是交换还是不交换呢?

▼请考虑是否交换框中的两个数据

 比较两个键值数据的大小。

 如果下面的数据键值比较小的话,就需要更换数据的位置。

A回答

需要交换。

 实际执行一下吧!

◎ 冒泡排序的计算量

冒泡排序中的比较次数可以像选择排序一样计算，始终为 $O(n^2)$。交换数据的次数，最好的

情况是0次，最坏的情况是 $1+2+3+\cdots+(n-3)+(n-2)+(n-1)=\dfrac{1}{2}n(n-1)$ 次，也是 $O(n^2)$。

因为比较总是 $O(n^2)$，所以对于最好和最坏的情况，冒泡排序的计算量都是 $O(n^2)$。

在最坏的情况下，冒泡排序的交换是 $O(n^2)$，而选择排序的交换是 $O(n)$。

冒泡排序的交换次数太多，这是比选择排序差的方面。

优化冒泡排序，减少交换的次数，就相当于是选择排序了。

（继续 ↗）

将数据分组——快速排序

这是一种快速而且受欢迎的排序算法。

快速排序的基本思路是不断地将数据按照与称为基准的值的大小关系分成两部分，最终实现所有数据的排序。基准也被称为枢轴，英文是pivot。

 先来通过图片直观地理解一下什么是快速排序吧。

下面将基准比作门的大小来进行说明。将能通过门的小数据分到左侧，将无法通过门的大数据分到右侧。

▼能通过门吗？

把松鼠按大小排序。

通过门的人，聚集到这里！

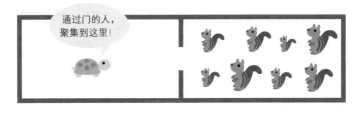

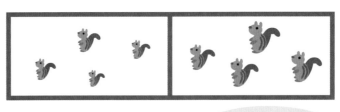

为避免数据再混在一起，将中间的门封上。

通过门的人，聚集到这里！

通过门的人，聚集到这里！

为避免数据再混在一起，
将中间的门封上。

通过门的人，
聚集到这里！

通过门的人，
聚集到这里！

通过门的人，
聚集到这里！

通过门的人，
聚集到这里！

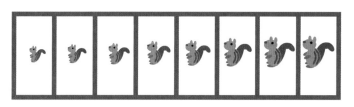

将房间的墙壁去掉。

全体人员按大小顺序
排好了！

很快就排好了！

接下来，试着对数据进行快速排序。

小专栏

基准的选择方法

　　快速排序根据基准选择方法的不同，效率也不同。根据与基准的大小关系将数据分成
两部分时，如果将数据刚好分成两半的话效率会更好。基准有各种各样的选择方法，包括
使用头尾或中间的数据为基准，以几个数据的中间值（按大小顺序排列时中间的值）为基
准，还有就是随机选择数据为基准等。

▼快速排序

谁来完成快速
排序呀!

我来完成快速
排序吧!

基准

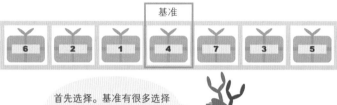

首先选择。基准有很多选择
的方法,这里选择中间的键值
数据作为基准吧。

将比基准值小的键值
数据分到左侧,将比基准值大
的键值数据分到右侧。

左侧数据的快速排序
我负责来完成。

分组数据的快速
排序谁来完成!

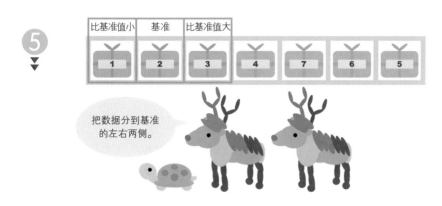

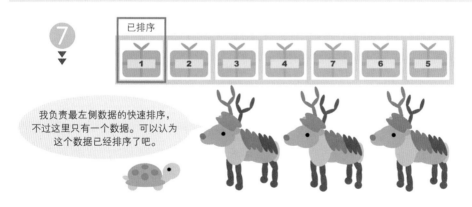

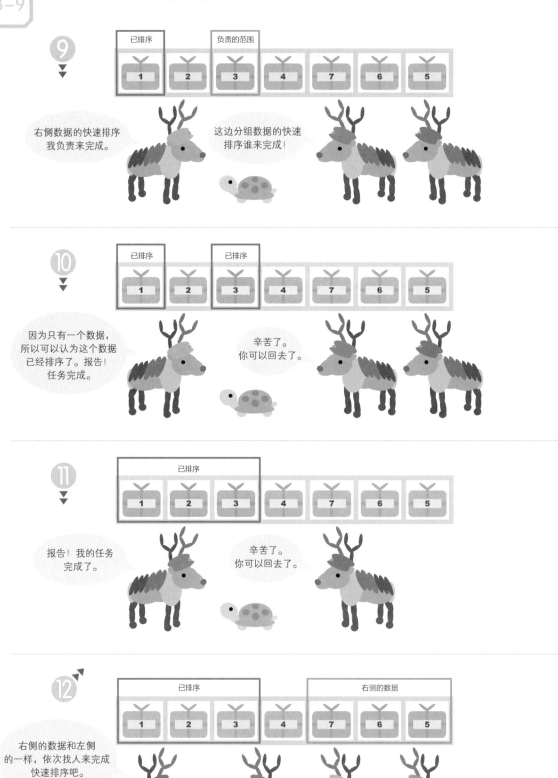

13

已排序

1 2 3 4 5 6 7

报告！任务完成！

所有的数据都
排好了！

 驯鹿在指挥自己哦。

 自己指挥自己在编程领域被称为递归调用。

许多编程语言使用函数（或方法）来实现递归调用。某个函数调用该函数自身就被称为递归调用。

 数据是奇数个的时候，可以把中间的数据作为基准，但是数据是偶数个的时候怎么办呢？

 可以把中间左边的数据作为基准。例如，数据为4个时，将左边第2个数据作为基准。

▼ 数据为奇数个时的基准

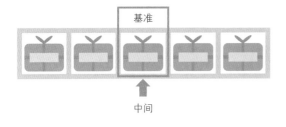

基准

↑
中间

▼ 数据为偶数个时的基准

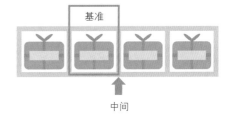

基准

↑
中间

小专栏

分治法

快速排序和归并排序会对输入的数据进行分组，然后在合并后进行排序。像这样把要解决的问题（这里是输入的数据）分割成更小问题的想法称为分治法。

如果很好地使用分治法，会让算法更快。重点是以某种形式记录并重复使用解决小问题的结果。例如，对于已经知道比较结果的数据分组，设计排序算法以避免重复比较，这可以缩短排序时间。

分治法被认为是与古罗马政策有关的名字。而算法中的分治法只是将问题分割，没有对立等消极的意义。

快速排序最好和最坏情况下的计算量

计算快速排序在最好和最坏情况下的计算量。

 把刚才与快速排序相关的驯鹿全部集合起来吧!

▼驯鹿集合!

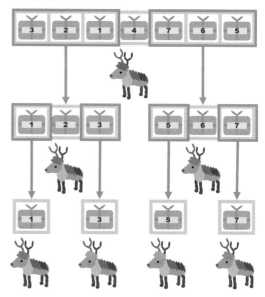

 接下来,将这些驯鹿分个组吧。

 横着一排的驯鹿,变成一个小组。

▼将驯鹿分组

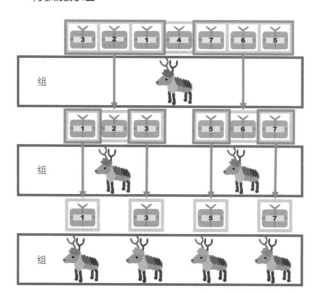

每个组都会查看基准之外的所有数据，然后对数据进行分组。

 如果键值比基准值小就分到左侧，比基准值大就分到右侧。

▼ 左右分开

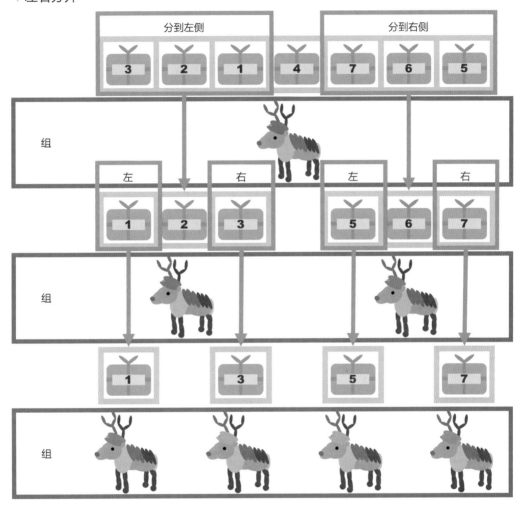

 通过查看键值的次数来估算一下快速排序的计算量吧。

（继续 ↗）

 交换数据位置的次数，不用数吗？

 和查看键值的次数相比，交换的次数很少，所以好像没问题。虽然查看了枢轴之外的所有键值，但并不是交换了所有的数据。

看到"比基准值小的分到左侧"和"比基准值大的分到右侧"这样的内容，你可能会有疑问"那么和基准值相同的值是分到左侧还是右侧呢？"。实际上，与基准值相同的值分到左或右，都可以正确排序。

◎ 快速排序最坏情况下的计算量

 考虑分组最多、最坏的情况吧。

 这里看看输入数据是7个的情况。

▼ 快速排序中最坏的情况

 对该数据进行快速排序，需要7组驯鹿。

 最初的例子是3个组，所以这次分组很多。

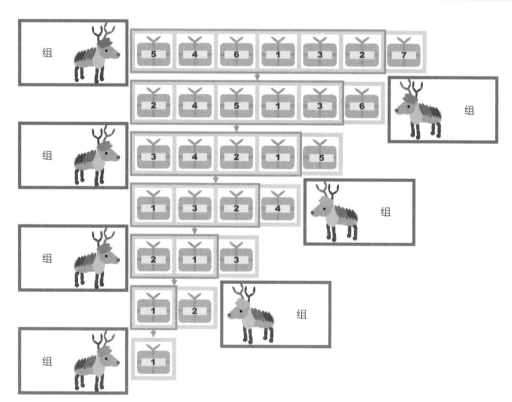

 各组驯鹿负责的数据从上到下依次为7、6、5、4、3、2、1个。

 每次往下，驯鹿负责的数据都会减少一个。

 数据的右侧是基准，将基准之外的数据都给下一组。

 基准以外的数据从上到下依次是6、5、4、3、2、1个。

 如果负责的数据只有一个的话，就不需要驯鹿了。

（继续 ↗）

Q 问题：查看键值的次数。

最坏的情况下，一共要查看键值几次？

 各组驯鹿查看键值的次数是基准之外数据的数量。

（继续 ↗）

A 回答：21次。　　6+5+4+3+2+1=21次。

 如果数据量是 n 的话，查看键值的次数会变成几次呢？

 $(n-1)+(n-2)+(n-3)+\cdots+3+2+1$

 这和计算 $1+2+3+\cdots+(n-3)+(n-2)+(n-1)$ 一样。

（继续 ↗）

 只负责一个数据的话，就不用查看键值了。

 在刚才的图中，算一下基准之外的数据就可以了吧。

 这个算式在插入排序的时候见过。

 $1+2+3+\cdots+(n-3)+(n-2)+(n-1)=\frac{1}{2}n(n-1)$，这就是查看键值的次数。

 用大O表示法写吧！

大O表示法

$$\frac{1}{2}n(n-1)$$
$$= \frac{1}{2}n^2 - \frac{1}{2}n$$
$$= n^2 + n \qquad \text{省略系数。}$$
$$\to n^2 \qquad \text{只留下主项。}$$
$$\to O(n^2) \qquad \text{加上O和括号。}$$

 快速排序最坏情况的计算量是 $O(n^2)$。

◎ 快速排序最好情况下的计算量

 最初的例子，其实就快速排序最好的情况。再来看看下一页的第一张图吧。

 确实分组很少。

 在最好的情况下，下一组驯鹿中一头驯鹿负责的数据量都会至少减少一半。

（继续 ↗）

 在例子中，一头驯鹿负责的数据量分别为7个、3个、1个。

 对呀，从7到3，从3到1，数据量都至少减少了一半吧？

 这是去除基准之后数据量的一半。

▼ 快速排序中最好的情况

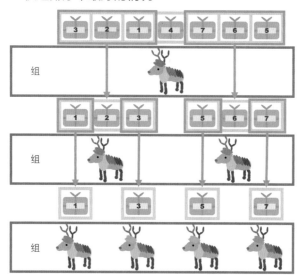

 从7中除去1个基准，再减半，就是 (7-1)÷2=3个。

 从3中除去1个基准，再减半，就是 (3-1)÷2=1个。原来如此。

实际上，有时除去1个基准后的数据量不能用2除尽，所以这里写的是"至少一半"。

 刚才那个例子里面有3个组。如果数据量为n，那么有几组呢？

 嗯，怎么算呢？

 用二分查找法中介绍的logn就可以了。

（继续 ↗）

▼ 数据量为n时的组数

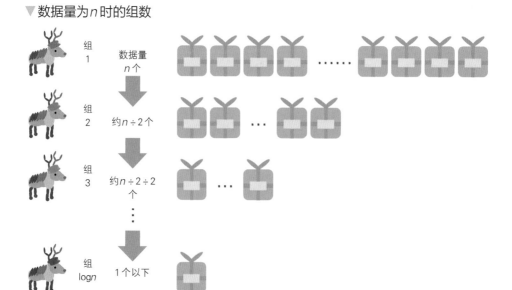

表示把 n 几次对半分最后能变成 1 使用的是底为 2 的 log。在计算量上省略底，只写 $\log n$。

 因为要去除基准，所以查看键值的次数有点复杂。

 在将一头驯鹿负责的数据量减少到 1 之前，所需的组数是 $\log n$。

 简单起见，考虑到基准也要查，那么就假设每组查看键值的次数大致为 n 次。

 利用这个组数，求出最好情况下的快速排序的计算量。

 因为最后一组不查键值，所以查看键值的合计次数是 $n \times$（组数 -1）。

 是根据查看键值的次数来估算计算量的吧。

 所以，最终的计算量是？

（继续 ↗）

 大O表示法

$n \times$（组数 -1）
$= \ n \times (\log n - 1)$
$= \ n\log n - n$
$\to \ n\log n$　　　只留下主项。
$\to \ \mathrm{O}(n\log n)$　　加上 O 和括号。

 快速排序最好情况的计算量是 $\mathrm{O}(n\log n)$。

另外，快速排序的平均计算量也是 $\mathrm{O}(n\log n)$。例如，假设输入数据的偏差具有特定的性质，那么可以将平均计算量估算为 $\mathrm{O}(n\log n)$。

◎ 详细计算最好情况下的计算量

 刚才为了简单起见，假设各组查看键值的次数大致为 "n 次"，如果不要 "大致" 怎么计算呢？

 那我们就来详细计算一下计算量。如果觉得难的话，跳过这部分，之后再来阅读以下内容也没关系。

在刚才的计算中，我们认为基准也要查。而在这次计算中，基准将从查看键值的次数中去除。那么首先，需要确认一下有多少个基准。

 各组的基准数如下页图中所示。计算一下第 k 组中基准的总数。

 图解见下一页！

计算

第 k 组中基准（新建／现有）的总数
$= \ 1 + 2 + \cdots + 2^{k-2} + 2^{k-1}$
$= \ 2(1 + 2 + \cdots + 2^{k-2} + 2^{k-1}) - (1 + 2 + \cdots + 2^{k-2} + 2^{k-1})$
$= \ (2 + 4 + \cdots + 2^{k-1} + 2^{k}) - (1 + 2 + \cdots + 2^{k-2} + 2^{k-1})$
$= \ 2^{k} - 1$

▼ 新增的基准数

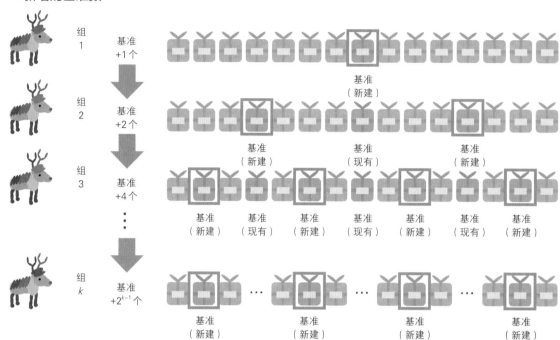

 算式这么简单，很意外呀。

 接着，求出从第1组到第 k 组的基准总数。

计算

从第1组到第 k 组的基准总数（新建/现有）

$= \quad (2^1 - 1) + (2^2 - 1) + \dots + (2^{k-1} - 1) + (2^k - 1)$

$= \quad (2 + 4 + \dots + 2^{k-1} + 2^k) - k$

$= \quad 2(1 + 2 + \dots + 2^{k-2} + 2^{k-1}) - k$

$= \quad 2(2^k - 1) - k$

$= \quad 2^{k+1} - 2 - k$

 数据量为 n 时，有 $\log n$ 组。

（继续 ↗）

 此时的基准总数如下。

 $\log n$ 的底为2。

计算

数据量为 n 时基准的总数

$= \quad 2^{(\log n)+1} - 2 - \log n$

$= \quad 2 \times 2^{\log n} - 2 - \log n$

$= \quad 2n - 2 - \log n$

数据量为n时，如果不排除基准查看所有的键值，则键值合计为n×(logn)，也就是nlogn。

计算

不排除基准的键值总数
= **数据量 × 组数**
= **n × logn**
= **nlogn**

 这里对于最后的组，也计算了查看键值的次数。

 是的。如果从这里减去基准的总数，那么就能算出查看键值的总次数。

大O表示法

查看键值的总次数
=不排除基准的键值总数 - 基准的总数
= **nlogn - (2n - 2 - logn)**
= **nlogn - 2n + 2 + logn**
→ **nlogn + n + 1 + logn** 　　省略系数。
→ **nlogn** 　　只留下主项。
→ **O(nlogn)** 　　加上O和括号。

 在最好的情况下，快速排序的计算量是O(nlogn)。

 和"大致"的计算结果一样呀！

◎ 快速排序的使用

 快速排序最坏情况下的计算量是O(n^2)，这种情况怎么处理才好呢？

 要了解了对什么样的数据进行排序后，才能知道使用快速排序是否比较困难。

 自己设置的最坏情况下用于排序的数据呢？

 在这种情况下，会在基准的选择方法上下功夫，或者试试其他的算法。

 如果是在计算机上进行日常生活中必要程度的排序，那么使用固定的算法，在一定的时间内绝大多数情况下都能完成排序。当然优先使用更易用的算法是最好的。在Python等编程语言中，都有能马上使用的算法。

 输入数据量大，需要反复排序，计算时间太长的情况下，才有详细研究具体排序方法的价值。

 对时间要求比较严格，必须在很短的时间内完成排序的情况，也有研究的必要。

（继续 ）

快速排序的步骤

介绍快速排序的详细步骤。

 松鼠想实际进行一下快速排序！

 学习查看键值和交换数据的详细步骤吧。

▼快速排序的步骤

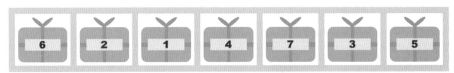

6 2 1 4 7 3 5

对这个数据进行快速排序，我是第一个负责的。

基准

6 2 1 4 7 3 5

以中间的键值数据作为基准。

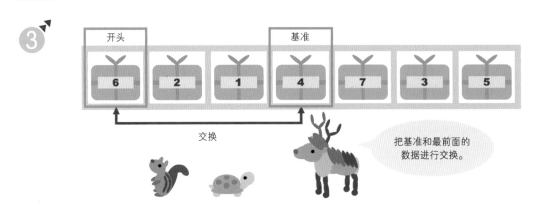

开头 基准

6 2 1 4 7 3 5

交换

把基准和最前面的数据进行交换。

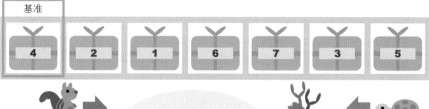

基准

| 4 | 2 | 1 | 6 | 7 | 3 | 5 |

松鼠从基准的下一个数据开始按顺序查看键值。乌龟反过来从最后的数据开始查看键值。

基准

| 4 | 2 | 1 | 6 | 7 | 3 | 5 |

当碰到比基准键值大的键值时，松鼠停止！

键值6，这比基准的键值4大。

基准

| 4 | 2 | 1 | 6 | 7 | 3 | 5 |

当碰到比基准键值小的键值时，乌龟停止！

键值3，这比基准的键值4小。

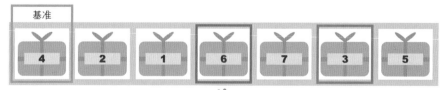

基准

| 4 | 2 | 1 | 6 | 7 | 3 | 5 |

此时，松鼠和乌龟，哪个在左边哪个改变。

松鼠在乌龟的左边哦！

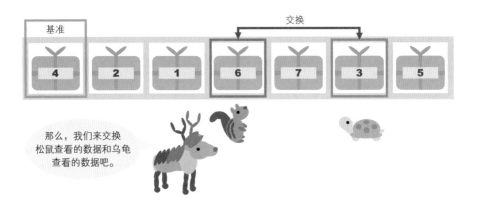

那么，我们来交换松鼠查看的数据和乌龟查看的数据吧。

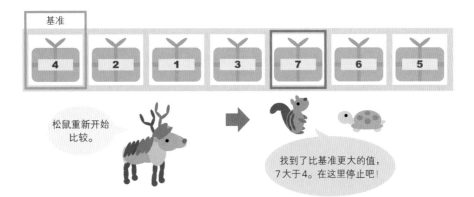

松鼠重新开始比较。

找到了比基准更大的值，7大于4。在这里停止吧！

乌龟重新开始比较。

这个键值数据为3，比基准的键值4小。在这里停止吧！

此时，松鼠和乌龟，哪个在左边哪个改变。

乌龟在松鼠的左边哦！

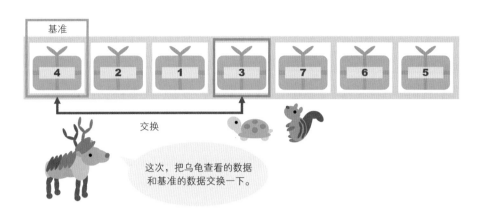

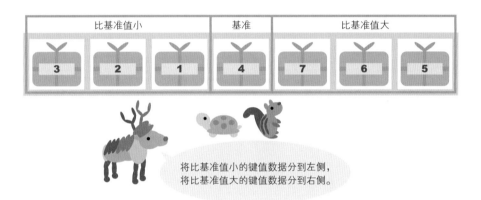

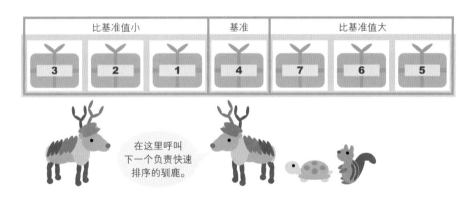

Q 问题: 快速排序的步骤。

请继续执行刚才的快速排序。请将负责范围内数据的快速排序结果填入下图。

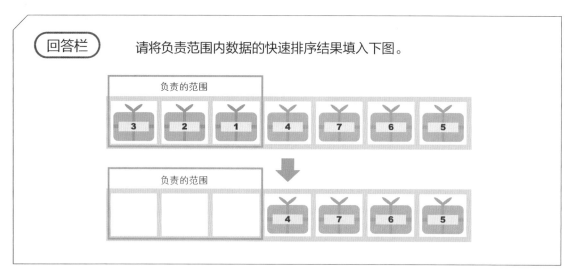

 松鼠可以试着将负责范围内的数据进行快速排序!

A 回答

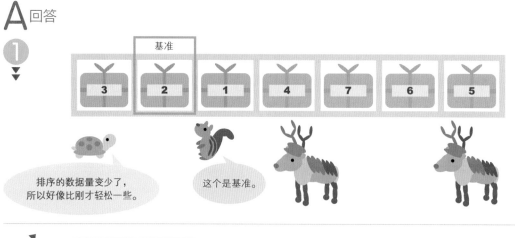

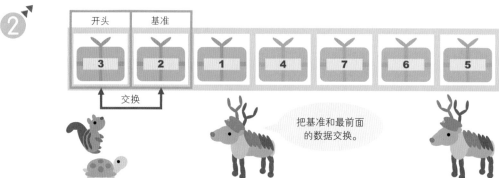

③

松鼠和乌龟都会把键值和基准的值进行比较。

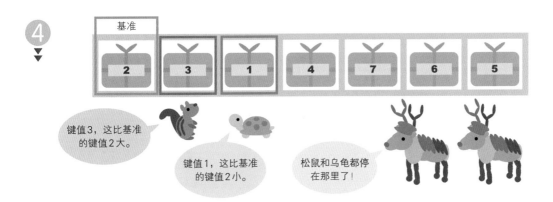

④

键值3，这比基准的键值2大。

键值1，这比基准的键值2小。

松鼠和乌龟都停在那里了！

⑤

松鼠在乌龟的左边哦！

依据松鼠和乌龟的位置关系，对应地交换数据。

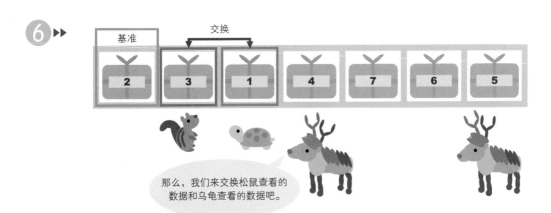

⑥ ▶▶

交换

那么，我们来交换松鼠查看的数据和乌龟查看的数据吧。

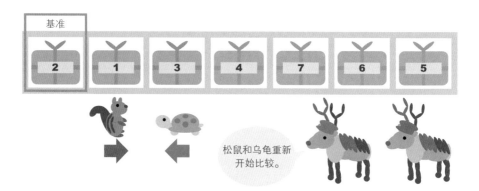

松鼠和乌龟重新开始比较。

键值1，这比基准的键值2小。

松鼠和乌龟都停下来了！

键值3，这比基准的键值2大。

乌龟在松鼠的左边哦！

这次，把乌龟查看的数据和基准的数据交换一下。

交换后，数据被分到了基准的左右。呼叫下一个负责快速排序的驯鹿。

 先喘口气。

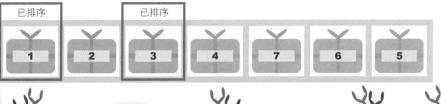

| 已排序 | | 已排序 | | | | |

我负责左侧的排序。因为只有一个数据，所以排序完成！

我负责右侧边的排序。因为只有一个数据，所以排序完成！

已排序

我的任务完成了！

这就是问题的回答。接着完成排序吧。

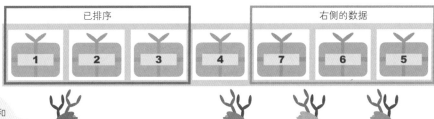

| 已排序 | | | | 右侧的数据 | | |

右侧的数据和左侧的一样，依次找人来完成快速排序吧。

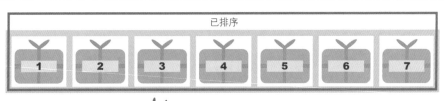

已排序

这样所有的数据都排好了！

这样排序就完成了。辛苦了！

稳定的排序算法

稳定的排序是指在有多个具有相同键值的数据时能保持排序前这些键值的排列顺序。而不稳定的排序则是指不一定会保持这些键值排序前的排列顺序。

 例如，看看下面的情况。

▼ 排序是否稳定的例子

① ▼

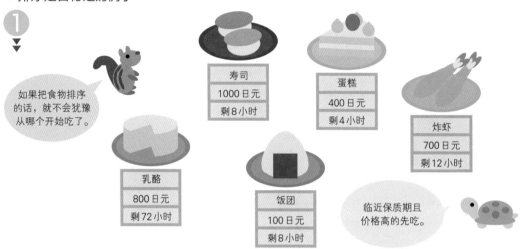

如果把食物排序的话，就不会犹豫从哪个开始吃了。

| 寿司 |
| 1000 日元 |
| 剩8小时 |

| 蛋糕 |
| 400 日元 |
| 剩4小时 |

| 炸虾 |
| 700 日元 |
| 剩12小时 |

| 乳酪 |
| 800 日元 |
| 剩72小时 |

| 饭团 |
| 100 日元 |
| 剩8小时 |

临近保质期且价格高的先吃。

2

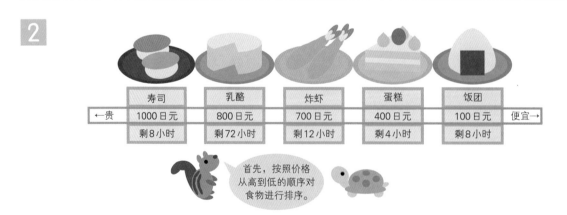

	寿司	乳酪	炸虾	蛋糕	饭团	
←贵	1000 日元	800 日元	700 日元	400 日元	100 日元	便宜→
	剩8小时	剩72小时	剩12小时	剩4小时	剩8小时	

首先，按照价格从高到低的顺序对食物进行排序。

 排序是否稳定是下一个阶段的问题。

 接下来按照保质期临近的顺序排序。

 如果保质期一样，那么优先选择价格高的食物。

 先来看稳定排序的结果。

（继续 ↗）

▼稳定排序的结果

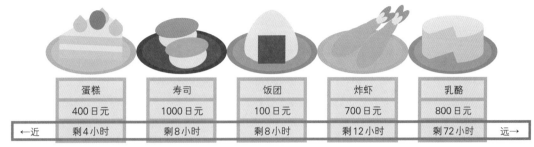

蛋糕	寿司	饭团	炸虾	乳酪
400 日元	1000 日元	100 日元	700 日元	800 日元
←近　剩4小时	剩8小时	剩8小时	剩12小时	剩72小时　远→

将价格顺序的排序结果按照保质期接近的顺序进行排序。

同样保质期的寿司和饭团，价格高的寿司排在前面。

和预想的排序结果一样了！从最前面的食物开始吃的话，可以从保质期近的东西开始依次吃。

（继续 ↗）

同样保质期的东西，按照价格的高低顺序排列，所以不会错过价格高的食物。

不过，如果是不稳定排序，那么最后的排序结果就有可能有点问题。

▼不稳定排序的结果

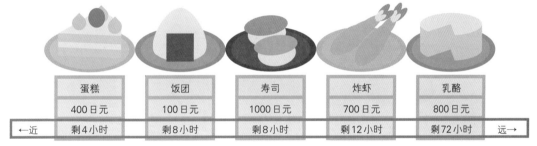

蛋糕	饭团	寿司	炸虾	乳酪
400 日元	100 日元	1000 日元	700 日元	800 日元
←近　剩4小时	剩8小时	剩8小时	剩12小时	剩72小时　远→

将价格顺序的排序结果按照保质期接近的顺序进行排序。

排序结果是饭团排在了寿司前面，寿司不是更贵吗？

使用不稳定排序后得到的结果和预想的不同，不过，具体是哪里不对呢？

即使按照保质期顺序排序后，也要保持价格顺序吧。

（继续 ↗）

一旦按价格顺序排序了，为什么顺序就变了呢。

保质期相同的"寿司"和"饭团"的排列顺序，不是按价格排序的。

也就是说，在按照保质期顺序进行排序时，作为保质期相同的数据，它们的排列顺序与排序前是不同的。这就是问题所在。

◎ 不稳定排序的例子

其实本书描述的快速排序的步骤并不是稳定排序。

啊，是吗？

（继续 ↗）

把刚才的食物数据实际排一下就知道了。

那让松鼠和乌龟进行快速排序吧。从按价格排序的状态开始。

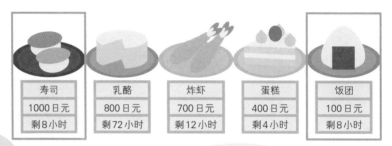

寿司	乳酪	炸虾	蛋糕	饭团
1000日元	800日元	700日元	400日元	100日元
剩8小时	剩72小时	剩12小时	剩4小时	剩8小时

将之前按价格排序的数据按保质期快速排序。

此时是价格高的寿司在左边，价格便宜的饭团在右边。

基准

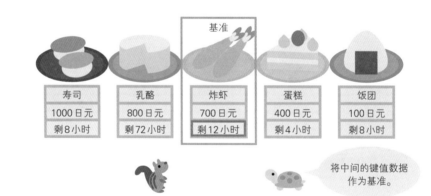

寿司	乳酪	炸虾	蛋糕	饭团
1000日元	800日元	700日元	400日元	100日元
剩8小时	剩72小时	剩12小时	剩4小时	剩8小时

将中间的键值数据作为基准。

开头　　　　　　　　　基准

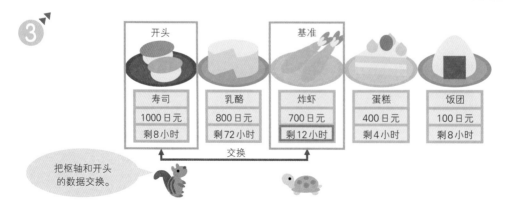

寿司	乳酪	炸虾	蛋糕	饭团
1000日元	800日元	700日元	400日元	100日元
剩8小时	剩72小时	剩12小时	剩4小时	剩8小时

交换

把枢轴和开头的数据交换。

④

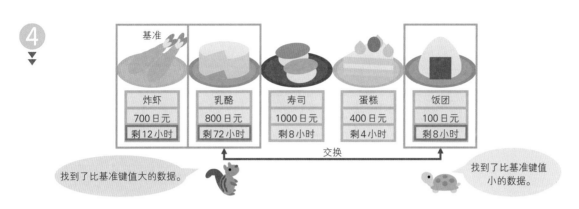

基准				
炸虾	乳酪	寿司	蛋糕	饭团
700 日元	800 日元	1000 日元	400 日元	100 日元
剩 12 小时	剩 72 小时	剩 8 小时	剩 4 小时	剩 8 小时

交换

找到了比基准键值大的数据。

找到了比基准键值小的数据。

⑤

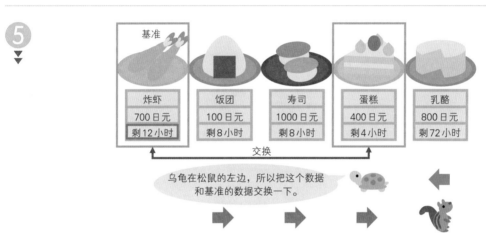

基准				
炸虾	饭团	寿司	蛋糕	乳酪
700 日元	100 日元	1000 日元	400 日元	800 日元
剩 12 小时	剩 8 小时	剩 8 小时	剩 4 小时	剩 72 小时

交换

乌龟在松鼠的左边，所以把这个数据和基准的数据交换一下。

⑥

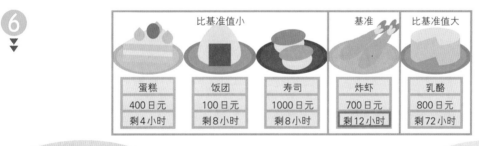

比基准值小			基准	比基准值大
蛋糕	饭团	寿司	炸虾	乳酪
400 日元	100 日元	1000 日元	700 日元	800 日元
剩 4 小时	剩 8 小时	剩 8 小时	剩 12 小时	剩 72 小时

将数据按照与基准值的大小关系分到左右两侧。

对比基准值小的键值数据进行排序。

⑦ ▶▶

蛋糕	基准 饭团	寿司		
400 日元	100 日元	1000 日元		
剩 4 小时	剩 8 小时	剩 8 小时		

将中间的键值数据作为基准。

8

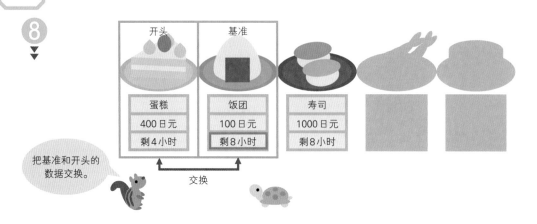

9

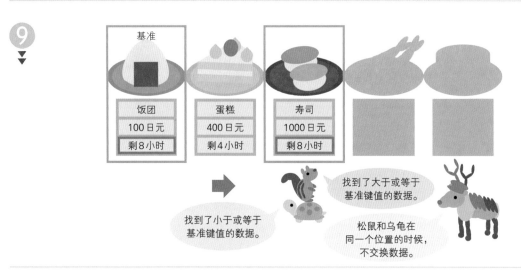

10

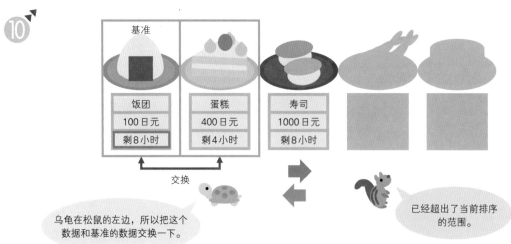

134

⑪
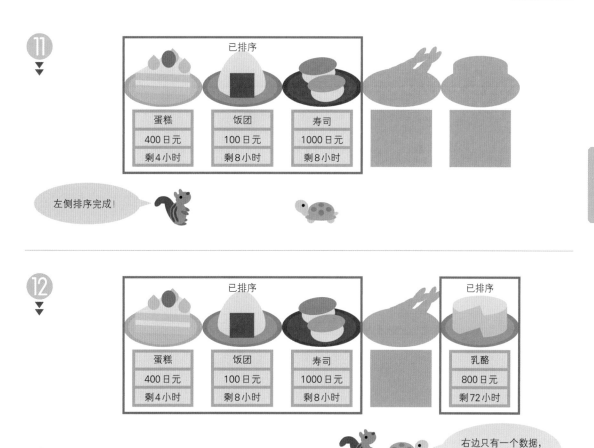

⑫

右边只有一个数据，
所以排序完毕！

⑬

所有的数据排序
完成！！

饭团和寿司的
位置互换了。

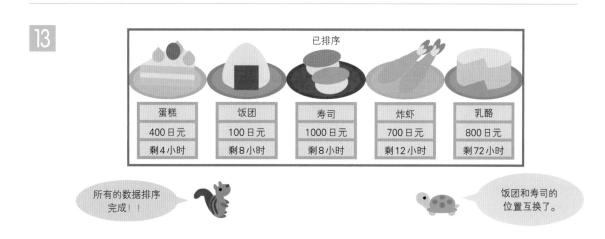

 这里描述的基本快速分类，并不是稳定排序。

其实，也有稳定地进行快速排序的方法，但本书只描述了基本的快速排序。

问题：稳定排序的例子。

 在稳定的排序中，对于键值相同的数据，保持排序前的顺序。

 用计算机体验一下稳定的排序吧！

 实际体验一下吗？

（继续 ↗）

使用Python对下列食物按价格排序，然后再按保质期排序。Python采用的蒂姆排序是一种稳定排序算法。

▼ 各食物的价格和保质期

食物名称	价格/日元	保质期/时
炸虾	700	12
饭团	100	8
蛋糕	400	4
寿司	1000	8
乳酪	800	72

如果安装了Python，请按照安装指南中的说明启动解释器。如果解释器已经启动，可以直接使用。

执行程序
```
Python 3.…
Type "help", "copyright", "credits" or "license" for more information.
>>>
```

 试着对汇总了食品名称、价格、保质期的数据进行排序吧。

请输入以下内容，然后按下Enter键。因为一行太长了，所以在书上变成了两行，但在计算机上输入的时候不要换行。注意"炸虾"等食物名称输入中文，其他字符要全部用半角的英文字符输入。

执行程序
```
>>> x = [['炸虾',700,12],['饭团',100,8],        ←不换行
['蛋糕',400,4],['寿司',1000,8],['乳酪',800,72]]   ←定义数组（用户输入）
>>>                                              ←提示符（解释器自动输出的）
```

数组(Python中的列表)已命名为x。确认一下数组的内容，请输入"x"并按下Enter键。

执行程序
```
>>> x                                            ←数组的名称（用户输入）
[['炸虾', 700, 12], ['饭团', 100, 8], ['蛋糕', 400, 4],
  ['寿司', 1000, 8], ['乳酪', 800, 72]]           ←数组的内容（解释器自动输出的）
```

首先按照价格从高到低的顺序排序。

以价格为键,按降序排列。请输入以下内容,并按下Enter键。

执行程序
```
>>> z = sorted(x, key=lambda y: y[1], reverse=True)    ←将数据排序(用户输入)
>>>                                                     ←提示符(解释器自动输出的)
```

将结果的数组命名为z。确认一下数组的内容。请输入"z"并按下Enter键。

执行程序
```
>>> z                                                   ←数组的名称(用户输入)
[['寿司', 1000, 8], ['乳酪', 800, 72], ['炸虾', 700, 12],
 ['蛋糕', 400, 4], ['饭团', 100, 8]]                    ←数组的内容(解释器自动输出的)
```

 按价格从高到低的顺序排序了!

 接下来按照保质期的顺序排序吧。

以保质期为键,按升序排列。请输入以下内容,并按下Enter键。

执行程序
```
>>> sorted(z, key=lambda y: y[2])                       ←将数据排序(用户输入)
[['蛋糕', 400, 4], ['寿司', 1000, 8], ['饭团', 100, 8],
 ['炸虾', 700, 12], ['乳酪', 800, 72]]                   ←排序的结果(解释器自动输出的)
```

 和预想的一样,"寿司"和"饭团"的顺序不变!

 Python采用了稳定的排序,很适合这样的情况。

小专栏

蒂姆排序

　　Python采用的蒂姆排序是插入排序和归并排序相结合的算法,这是一种稳定的排序方法。蒂姆排序的名称来源于其开发者蒂姆·彼得斯。蒂姆排序的计算量,最好情况下与插入排序相同,即$O(n)$,最坏情况下与归并排序相同,即$O(n\log n)$。

直观且高效——归并排序

计算量小的稳定排序算法。

归并排序是一种不断将数据分成两部分，然后再不断地归并被分割数据的排序方法。与快速排序相比，这种排序方式需要消耗大量内存空间，因此在有些介绍中评价不高，但现在已经被重新评估了。Python采用的蒂姆排序也是一种改进的归并排序算法。

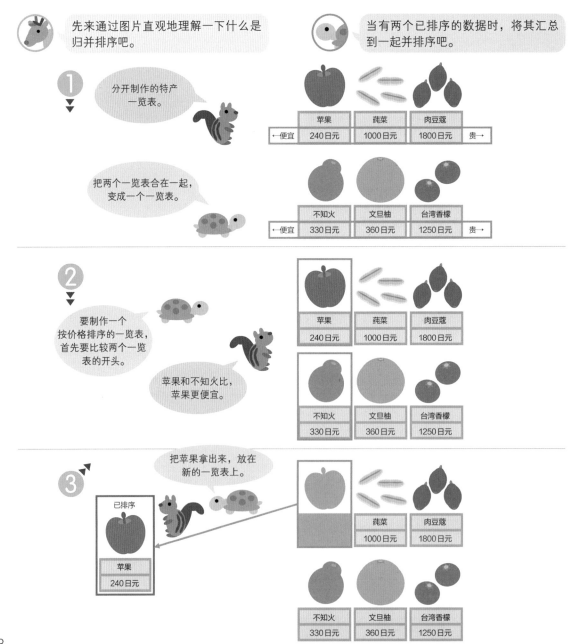

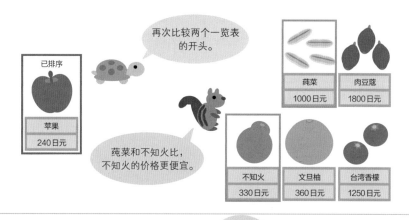

④

已排序

苹果
240日元

再次比较两个一览表的开头。

莼菜和不知火比，不知火的价格更便宜。

莼菜
1000日元

肉豆蔻
1800日元

不知火
330日元

文旦柚
360日元

台湾香檬
1250日元

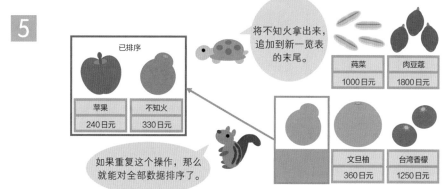

5

已排序

苹果
240日元

不知火
330日元

将不知火拿出来，追加到新一览表的末尾。

如果重复这个操作，那么就能对全部数据排序了。

莼菜
1000日元

肉豆蔻
1800日元

文旦柚
360日元

台湾香檬
1250日元

Q 问题：将两个已排序的一览表合成一个。

试着用刚才松鼠的方法，对剩下的数据进行排序！

请在新的一览表中按照正确的顺序添加剩下的4个数据。

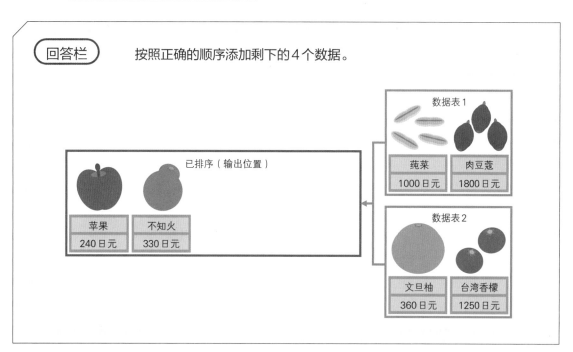

回答栏　　按照正确的顺序添加剩下的4个数据。

已排序（输出位置）

苹果
240日元

不知火
330日元

数据表1

莼菜
1000日元

肉豆蔻
1800日元

数据表2

文旦柚
360日元

台湾香檬
1250日元

提示！将数据添加到新一览表后，在旧一览表中删除数据。

（继续 ↗）

 例如，在删除的数据上画上 × 就容易理解了。

如果其中一个数据表为空，那么就从剩下的数据表开头，依次取出数据追加到新一览表末尾。

 A 回答

 1

首先，比较文旦柚和莼菜的价格……

文旦柚比较便宜，把它拿出来。

已排序

苹果	不知火
240日元	330日元

莼菜	肉豆蔻
1000日元	1800日元

文旦柚	台湾香檬
360日元	1250日元

2

在新一览表的末尾追加文旦柚。

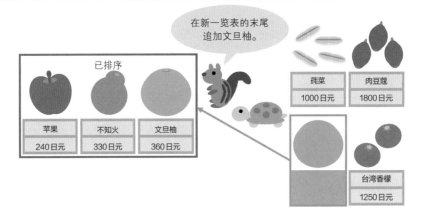

已排序

苹果	不知火	文旦柚
240日元	330日元	360日元

莼菜	肉豆蔻
1000日元	1800日元

台湾香檬
1250日元

3

莼菜和台湾香檬的价格相比。

莼菜比较便宜，将其追加到新的一览表上。

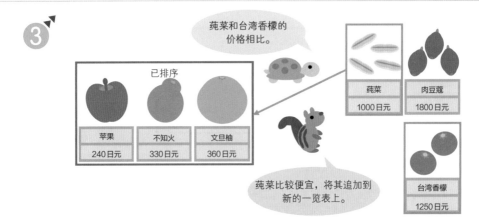

已排序

苹果	不知火	文旦柚
240日元	330日元	360日元

莼菜	肉豆蔻
1000日元	1800日元

台湾香檬
1250日元

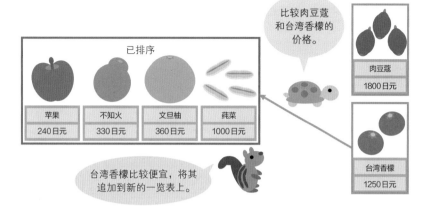

比较肉豆蔻和台湾香檬的价格。

已排序

苹果	不知火	文旦柚	莼菜
240日元	330日元	360日元	1000日元

肉豆蔻
1800日元

台湾香檬
1250日元

台湾香檬比较便宜，将其追加到新的一览表上。

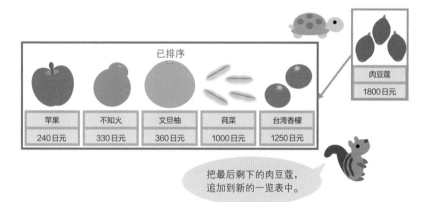

已排序

苹果	不知火	文旦柚	莼菜	台湾香檬
240日元	330日元	360日元	1000日元	1250日元

肉豆蔻
1800日元

把最后剩下的肉豆蔻，追加到新的一览表中。

6

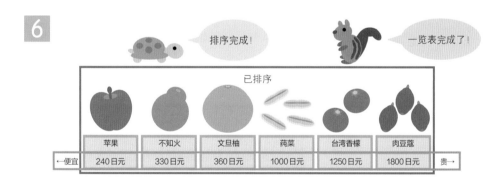

排序完成！

一览表完成了！

已排序

苹果	不知火	文旦柚	莼菜	台湾香檬	肉豆蔻
←便宜 240日元	330日元	360日元	1000日元	1250日元	1800日元 贵→

因此，我们看到了与本书之前步骤不同的搜索和排序程序，这种情况经常出现吗？

是的。即使是同样的算法，也有各种各样程序的写法。本书只是介绍了一种步骤的例子。

例如，搜索的方向左右相反、没有使用哨兵、基准的选择方法不同。

如果算法相同，那么可以认为计算量是一样的。在使用的编程语言中，选择能快速正确排序的程序就好了。

（继续 ↗）

归并排序的步骤

介绍归并排序的详细步骤。

 如果有已排序的数据，那么就可以使用归并排序，但是如何准备已排序的数据是个问题。

 这是已排序的数据。

?

 这样啊！只有一个数据那就是已排序的。

〔继续 ⬈〕

 将输入的数据不断地分割，最后变成了一个数据，就可以使用归并排序了。

 对实际的数据进行归并排序吧。

①

| 5 | 8 | 9 | 2 |

 对这个输入的数据进行归并排序吧！

②

| 左半边 | | 右半边 | |
| 5 | 8 | 9 | 2 |

将输入的数据左右分割，然后找人来负责归并排序！

  左半边的归并排序我来负责。

  右半边的归并排序我来负责。

 驯鹿，只是叫来了负责的人?

 在把所有负责的人叫来之前，我什么都不做。

〔继续 ⬈〕

 啊?

 一会就要干活了，你看着吧。

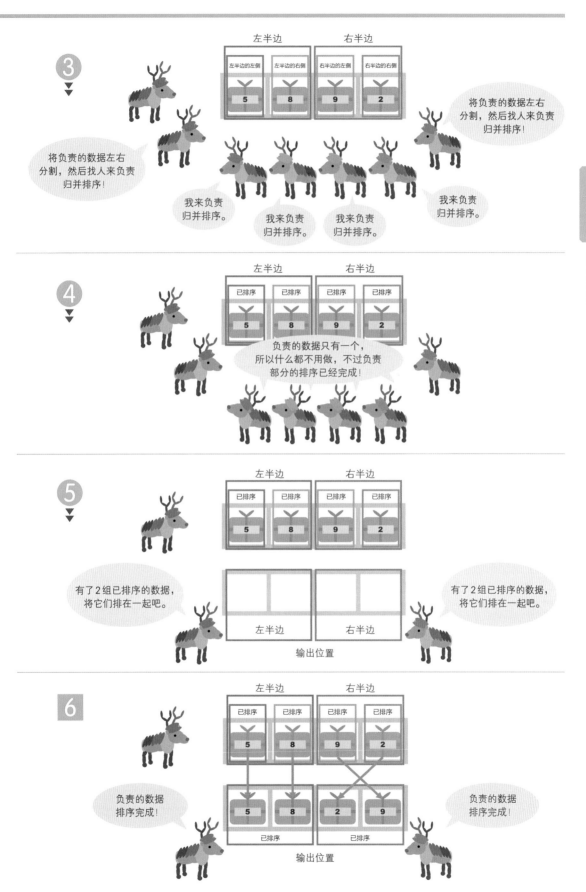

Q 问题：归并排序的步骤。

请继续对刚才的数据进行归并排序，将结果写入输出位置。

回答栏　请将排序结果写入输出位置。

输出位置

有了2组已排序的数据，将它们排在一起吧。

5　8　2　9

已排序　已排序

就像把两个分开的一览表合在一起一样，用同样的方法完成。

A 回答

输出位置

① 2和5比，输出更小的2。

2

5　8　2　9

已排序　已排序

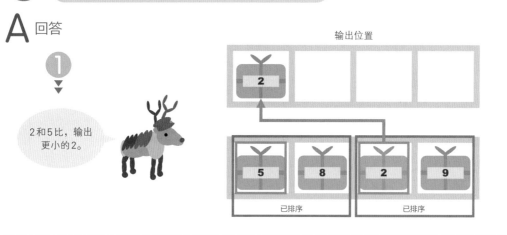

② 5和9比，输出更小的5。

2　5

5　8　2　9

已排序　已排序

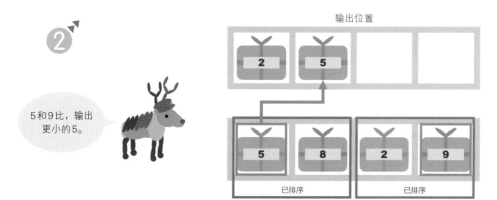

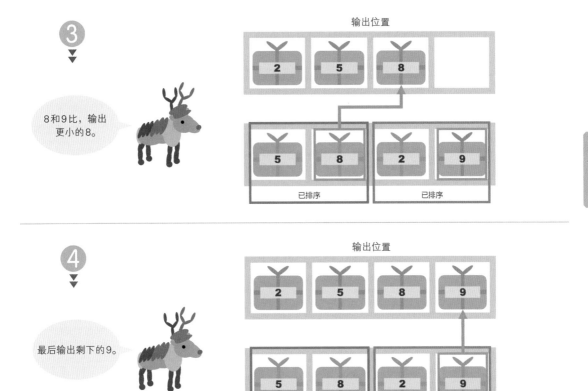

③

8和9比，输出
更小的8。

输出位置

| 2 | 5 | 8 | |

| 5 | 8 | 2 | 9 |
已排序　　　　　已排序

④

最后输出剩下的9。

输出位置

| 2 | 5 | 8 | 9 |

| 5 | 8 | 2 | 9 |
已排序　　　　　已排序

⑤

已排序

| 2 | 5 | 8 | 9 |

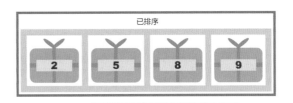

这样所有的数据都排好了！

 这就是之后的工作。

 这样呀，前半部分是找负责人，后半部分是归并数据。

3
排列

排序的算法

归并排序的计算量

算一下归并排序的计算量。

 计算将数据移动到输出位置总共是多少次，估算归并排序的计算量。

 移动数据的时候，有比较的时候和不比较的时候，怎么处理才好呢？

(继续 ↗)

 为了让计算简单一些，可以假设移动数据时一定要进行比较。这样可以保证实际的计算量不会大于估算的。

 先在刚才的例子中，试着数一下移动的次数吧。

 根据驯鹿们说的，按组数一下移动的次数。

Q 问题：移动的次数。

在右侧图中，将数据移动到输出位置，你数一下次数吧。

我们四个没有移动数据。

把负责的数据一次一次地移动到输出位置。

把负责的数据一次一次地移动到输出位置。

组3：
移动了 _ 次

组2：
移动了 _ 次

组1：
移动了 _ 次

A 回答

▼移动的次数

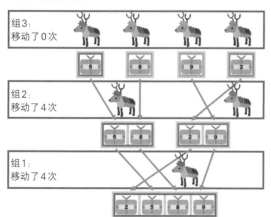

组3：
移动了0次

组2：
移动了4次

组1：
移动了4次

 移动数据的是组1和组2。

 各组移动数据的次数都是4次。

 移动的合计次数计算如下。

计算

移动的合计次数
=移动数据的组数×各组的移动次数
=2×4
=8次

◎ 计算计算量

计算数据量为n时各组的移动次数。

 在刚才的例子中，各组的移动次数都是4次，这与整体的数据量是一致的。

 那么，数据是n个的时候呢？

 嗯，各组移动的数据量，还是n个。

 因此，数据量为n时，各组的移动次数也为n。

（继续 ↗）

接着，求出数据量为n时的移动数据的组数。

 移动数据的组数，在刚才的例子中是2组。

 输入数据能几次对半分，决定了最终的组数。

 数据量变成1个的时候，就停止分割。

 这个情况和二分查找法以及快速排序的情况类似，可以使用$\log n$吗？

 假设底为2，则如果将n个数据对半分$\log n$次，最后单个的数据量都为1个。

 也就是说，数据量为n时，移动数据的组数为$\log n$。

（继续 ↗）

为了简单起见，我们考虑$\log n$为整数的情况。当$\log n$有小数部分时，如果将数据对半分$\log n$的最小整数次以上，则单个数据量将小于或等于1。

 如果使用刚才驯鹿的算式，那么就可以算出数据为n时移动的合计次数了。

> **计算**
>
> **移动的合计次数**
> $=$移动数据的组数 $\times$ 各组的移动次数
> $= \log n \times n$
> $= n\log n$

 完成了！

（继续 ↗）

 归并排序的计算量为$O(n\log n)$。

 不分最好或最坏的情况，归并排序的计算量都是$O(n\log n)$。

归并排序的空间计算量

对于归并排序,可以计算一下表示要使用多少内存空间的空间计算量。

有人会不认可归并排序,说:"归并排序会消耗太多内存空间",那真相是怎样的呢。

归并排序真的会消耗太多内存空间吗?

试着求出表示要使用多少内存空间的空间计算量。

归并排序的时候,内存是用来做什么的呢?

内存的用途有很多,最明显的就是输出位置吧。

▼归并排序中的输出位置

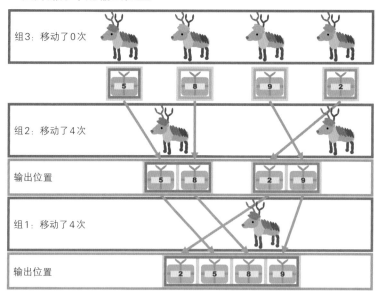

数据量为 n 时,各组会输出 n 个数据。

(继续 ✏)

简单来说,"$n \times$(组数 -1)"个数据必须放在输出位置。

其实只准备两个输出位置就可以了,每个输出位置能放 n 个数据。

▼只准备2个输出位置

组2

从输出位置1取出数据，放到输出位置2。

组1

从输出位置2取出数据，放到输出位置1。

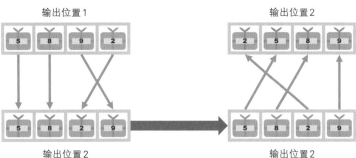

输出位置1

| 5 | 8 | 9 | 2 |

输出位置2

| 2 | 5 | 8 | 9 |

| 5 | 8 | 2 | 9 |

输出位置2

| 5 | 8 | 2 | 9 |

输出位置2

这样啊！组2的驯鹿从输出位置1取出要排序的数据，放到输出位置2。组1的驯鹿反过来，从输出位置2取出排序的数据，放到输出位置1就可以了。

输出位置1和输出位置2交替地发挥取出数据和存入数据这两个作用。

原来如此，就像输出位置这个名字一样，这里是储存之后排序数据的地方。

（继续 ↗）

如果使用2个大小为n的输出位置，即$2n$个存储空间，则空间计算量表示如下。

> **空间计算量**
>
> $2n$
> → n　　　　省略系数。
> → $O(n)$　　加上O和括号。

归并排序的空间计算量是$O(n)$。

◎ 归并排序的使用

如果进行归并排序，明确$O(n)$的存储空间是必要的。

怎么使用归并排序才好呢？

（继续 ↗）

如果不是数据量特别大的话，不用考虑太多，直接使用计算机的内存进行归并排序就行。

总之先试试看可以吧？

万一内存不足，为了在排序开始时发出通知，也可以写归并排序的程序。

　　如果在排序开始时知道数据量，就可以计算归并排序中使用的存储空间（内存）大小。如果无法确保存储空间足够大，那么可以在实际进行排序之前发出通知。

 内存不足的话，有什么对策吗？

 指针？是链表中使用的箭头吗？

 首先，建议利用指针来减小存储空间的使用量。如果将排序对象设为指针而不是数据本身，那么即使是使用归并排序之外的排序算法，也有可能缩短进行排序的时间。

 到现在为止在排序中都没有使用指针，不过，下面可以试着看一个使用指针进行排序的例子。首先是不使用指针进行排序的情况。

（继续 ↗）

▼不使用指针，移动数据进行排序

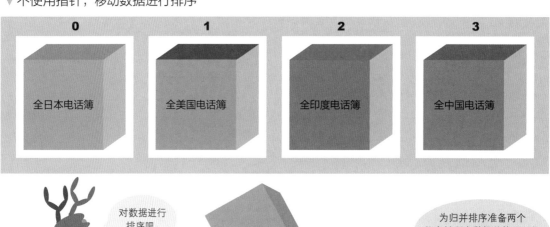

对数据进行排序吧。

一本一本都很大，搬运要花不少时间哦……

为归并排序准备两个能容纳所有数据的格子可能很麻烦……

 移动尺寸大的数据需要时间……

（继续 ↗）

 即使在准备归并排序的输出位置时，由于尺寸变大，也会使用更多的存储空间。

 下面是使用指针进行排序的例子。

▼ 不移动数据，移动指针进行排序

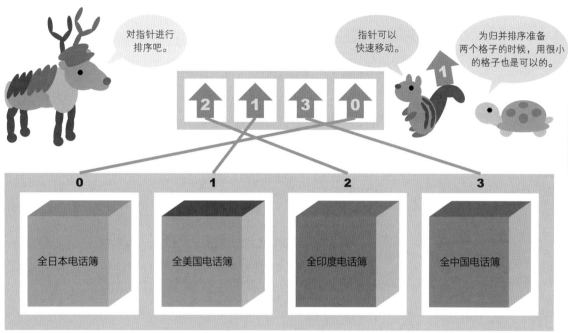

 在这个例子中，准备了指针的数组和数据的数组，而在指针上记录了数据的编号。

 排序的时候，数据不移动，只移动指针。

（继续 ↱）

 因为指针的尺寸很小，所以可以快速移动。

 即使在准备归并排序的输出位置时，也可以只考虑指针的大小，以减小存储空间的使用量。

 如果指针和归并排序结合使用，就不用太担心消耗太多内存空间了。

　　归并排序的优点是，它也适用于只能从开头顺序读取数据（顺序访问）的存储设备。以前，"需要大规模的存储装置""消耗太多内存空间"等印象让我们对归并排序敬而远之，现在被重新评估，像Python中也使用的是归并排序。

 第1章中的队列就是从开头开始按顺序读取数据的数据结构！

隐藏 ——————

使用计算能力隐藏信息。

第 **4** 章

密码与安全

解读密文的要素——密码基础

密钥和密码算法组合使用，即使算法被知道了，只要密钥不被知道，还是无法解读。

 彼此秘密地保持联系吧！

 要对谁保密？

 嗯……对了！试着进行一次不让读者知道内容的通信吧！

◎ 可直接阅读的明文

 首先，发一个普通的通信文来练习。

能直接阅读内容的通信文被称为明文。

▼发送明文

明日三点灯塔集合

 不过，要怎么设计绝对不会被破解的密码呢？

（继续 ➜）

 如果其他人现在开始解读，只要在明天3点之前无法解读就足够了吧？

啊，这样啊！集会结束后即使能破解密码，也参加不了了。

如果用一台非常高速的计算机需要非常长的时间才能破解密码，那么就可以说这个密码是安全的。某个密码的安全程度是用一种表示破解密码所需时间的计算量来评价的。

◎ 加密算法

 用加密的算法加密通信文，做成了密文。

▼发送密文

ehijatgnednaidnasirgnim

怎么解读呢？

 把密文反着读，就是原来明文的全拼。

 原来如此啊，因为读者也知道了解读的方法，所以通信文的内容已经不是秘密了。

（继续 ↗）

 那先别发了，我给你发个新密文。

 用同样的算法加密也能解密，所以必须考虑新的算法。

 真难啊，我本来打算用同样的算法进行加密联系呢。

 如果每次因为疏忽泄露了算法，那要一个接一个地发明新的算法，太辛苦了吧……

 用有密钥的加密算法怎么样？

◎ 使用密钥的密码

给你密码。

密文

密文

虽然打听到了解密的算法，但是没有密钥呀！解读需要几天时间呀？

算法

密文

因为知道了密码中使用的算法和密钥，所以可以马上解密。

算法

密文

 即使知道了算法，只要不知道密钥，秘密也能保守。

 如果密钥被知道了，换个新的密钥就好了。与重新考虑算法相比，这个很简单。

如何传递密钥？——通用密钥方式

用一个密钥创建和解密密文。

为了理解之后介绍的公开密钥方式，需要先了解通用密钥方式。

▼使用通用密钥加密通信文

使用密钥将明文变为密文。

▼使用通用密钥解密密文

使用密钥将密文变为明文。这也叫解密。

加密和解密都使用相同的密钥，所以被称为通用密钥方式。

实际使用一下通用密钥吧。

作为通用密钥方式的算法，可以来看看字符替换式密码的例子。

字符替换式密码是通过将明文字符替换为其他字符来创建密文的方法。

（继续 ↗）

▼字符替换式密码的例子（加密）

这次的密钥是1。即把拼音中单个字符换成英文字母表中的后一个字符，以制作密文。

"tboejbo"，怎么解读。

 使用与加密时相同的密钥1进行解密。

▼字符替换式密码的例子（解密）

这次的密钥是1。即将字符换成英文字母表中的前一个字符，就会得到原来的明文。

密文 | い | せ | し | あ | ず |
明文 | あ | す | さ | ん | じ |

Q 问题: 作为通用密钥方式的字符替换式密码。

请解密以下密文。密文使用与上图相同的方法加密。

密文

efohub

A 回答: dengta（灯塔）。

 密钥1读者已经知道了，换成新密钥吧。

（继续 ↗）

 用新密钥做了一个密文"inktm"！

 只能不断尝试不同的密钥，看看是不是能将密文解读出来了。这样看来，不知道密钥真的很麻烦……

这里介绍了人类可以在短时间内加密和解密的简单密码。如果使用的是比较复杂的密码，那么加密和解密的步骤也会变得很复杂，这就需要计算机出场了。因为在不知道密钥的情况下，想要破解复杂的密码会花费很多的时间。这个工作是很难通过手动计算完成的。

 通用密钥方式的问题是如何把密钥交给同伴。

 告诉同伴密钥的时候，一定要注意不要让别人看到或听到密钥。

 真的！怎样才能瞒着读者，把密钥告诉乌龟和驯鹿呢？真为难……

 不能经由有被监听危险的网络发送密钥。

 对了，告诉我解密刚才密文的密钥吧。

 密钥6！解读一下试试吧。

（继续 ↗）

密钥被知道也没关系
——公开密钥方式

将交给联络人的公开密钥（公钥）和只属于自己的密钥（私钥）组合使用。

 把松鼠的公钥告诉乌龟。

 读者们也能看到吗？

 没关系。只要私钥保密好，通信的内容就还是松鼠和乌龟的秘密。

 来看一下公开密钥方式的运行机制。

（继续 ↗）

1

公钥和私钥是一对密钥。

私钥

公钥

2

公开松鼠的公钥。公钥，谁知道都可以。

收到了！

收到了！

3

明文 ＋ 公钥 → 密文

使用公钥对明文加密。

发送密文。

松鼠使用私钥就可以解密用松鼠的公钥加密的密文。

驯鹿没有松鼠的私钥，所以不能解密密文。用松鼠的公钥是无法解密的。

公钥无论被谁知道都可以，所以可以轻松地交给别人。

作为公开密钥方式的算法，典型代表是RSA密码。

真的是本人吗？——认证

你可以使用密码算法来确定你的通信对象是不是本人。

确认对象是否正确称为认证。下面的情况就需要认证。

▼需要认证的情况

下面介绍使用通用密钥方式进行认证的步骤。

▼使用通用密钥方式的认证

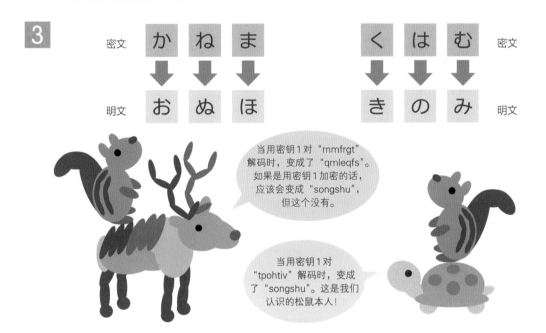

 接下来看看使用公开密钥方式的认证吧。 这是被称为数字签名的机制。

　　下面介绍使用公开密钥方式进行认证的步骤。在公开密钥方式中，与可以用私钥解密用公钥加密的密文一样，也可以用公钥解密用私钥加密的密文。

▼公钥和私钥可以相互加密和解密

▼ 使用公开密钥方式的认证（数字签名）

①

即使是松鼠本人，也要证明。

知道了，使用数字签名吧。

②

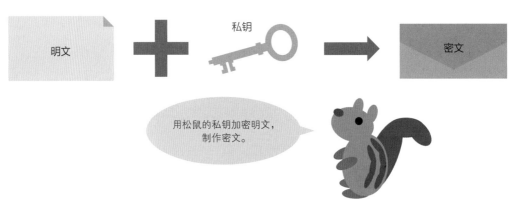

明文 ＋ 私钥 → 密文

用松鼠的私钥加密明文，制作密文。

③

我用松鼠的私钥做了一组明文和密文。

明文

密文

使用这个的话，可以判断眼前的松鼠是否是我们认识的松鼠哦。

④

密文 ➕ 公钥 🔑 ➡️ 明文

解密吧。

如果这个密文是用松鼠的私钥加密的，那么应该可以用松鼠的公钥解密。

5

把从松鼠那里得到的明文和刚才解密的明文进行比较。

松鼠提供的明文

解密得到的明文

明文是一样的.

用松鼠的公钥正确地解密了松鼠传来的密文！也就是说，这个密文是用松鼠的私钥加密的。这就证明刚才的松鼠有松鼠的私钥。

如果说只有松鼠本人有松鼠的私钥，那这就是松鼠本人。

本人明白了吗？

（继续 ↗）

另外，为了缩短加密所需的时间，有时代替明文，会对明文的哈希值进行加密。哈希值在第2章介绍过。

驯鹿本人也要证明。

在现实中当面"认证"的时候，经常会被要求出示身份证。

好的。

这样啊！身份证不能用的时候，像刚才那样的认证还是很有用的。

驾驶证？

如果只是在网络上通信而不能见面的话，还是很难直接出示身份证的，所以需要认证的功能。

（继续 ↗）

\ 挑战! /

体验公开密钥方式

使用计算机体验作为公开密钥方式之一的RSA密码。

 能体验公开密钥方式的话，那就太好了！

 当然可以体验呀。让我们以一个简单的例子来体验作为公开密钥方式之一的RSA密码。

RSA密码是公开密钥方式之一，于1977年发明。RSA的名称是取了发明人Rivest、Shamir、Adleman三人名字的首字母。

 在RSA密码中，首先需要两个质数。

 质数是什么？

 2以上的整数，只能被1和自己整除的数就叫作质数。质数也称为素数。

 例如2，因为2只能被1和2整除，所以2就是质数。

（继续 ↗）

 3也是，因为3只能被1和3整除，所以3就是质数。

 这样啊，那5、7、11、13、17、19都是质数。

 4除了能被1和4整除，还能被2整除，所以4不是质数。

 6除了能被1和6整除，还能被2和3整除，所以6不是质数。

 质数被证明是无限的。

公元前3世纪左右的数学家欧几里得证明了质数是无限的。

 这次选择7和11这两个质数吧。

（继续 ↗）

 选择什么质数都可以吗？

 在RSA密码中，选择非常大的质数会让解密变得非常困难。这里为了简单起见，选择了两个很小的质数。

将这两个质数设为p和q。这里假设$p=7$、$q=11$。

 把这两个质数相乘一下。

 $7 \times 11 = 77$。

设p和q的乘积为n。即$n=77$。稍后会将n用作公钥的一部分。

接下来，将这两个质数分别减去1，然后再进行乘法运算。

（继续 ↗）

7-1=6，11-1=10。

然后，6 × 10 = 60。

这里用φ(n)表示(p-1)和(q-1)的乘积，这里当n=77时，φ(n)=60。φ(n)被称为欧拉函数，在数论中，对正整数n，欧拉函数φ(n)是小于或等于n的正整数中与n互质（公约数只有1的两个整数）的数的数目。欧拉是18世纪的数学家。

接着选择大于2小于60，且与60互质的整数。所谓互质，就是选择的整数和60两者能被整除的数中，相同的只有1。

（继续 ↗）

比如13怎么样。

确实13和60都能除尽的正整数只有1。

那就13吧！

这个选择的整数为e，即e=13。稍后会将这个e用作公钥的一部分使用。

接下来有点麻烦，我们需要选择一个整数，这个整数乘以13除以60的余数为1。

从1开始挨个整数乘以13除以60试试就知道了吧？

（继续 ↗）

对。不过这里为了简单起见，就用乌龟事先选择的37吧。

13×37 = 481，481除以60的余数确实是1。

这个选择的整数为d，即d=37。这个d稍后会用作私钥使用。另外，如果使用"欧几里得相除法"，那就不用通过"试"的方法来寻找这个整数了，而是可以通过计算求出这个整数。欧几里得相除法又称辗转相除法，是最广为人知的求最大公约数的方法。

◎ 加密

现在就可以使用公开密钥方式了。将前面说的77和13作为公钥公开，将37作为私钥保密。

（继续 ↗）

好的，公钥是77和13。

松鼠有私钥37，同时也有公钥77和13。

公钥和私钥是一起制作的，所以有私钥的人，也有公钥。这里为了说明而公开了私钥，实际上私钥是绝对不能告诉别人的。

首先让驯鹿选择明文吧。选择一个0以上77以下的数，即0～76的整数。

 是的。对于文章等内容，只要用某种方法转换成整数就可以加密了。

 也就是说，可以加密0～76的整数？

 那么，选择39作为明文吧。

 这是Thank you的意思呀！

（继续 ↗）

　　这里39是Thank you的谐音，但实际上使用谐音将文章转换为整数的情况是有限的。实际在计算机中是用一个称为字符代码的整数来表示单个字符，所以使用字符代码就可以将文章直接转换成一个整数的集合。

▼公开密钥方式加密示例

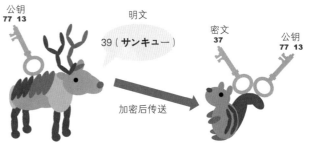

公钥 **77 13**　明文　密文 **37**　公钥 **77 13**

39（サンキュー）

加密后传送

 加密明文要使用公钥77和13。试着算一下"明文的13次方，然后除以77的余数"。这就是密文。

 39的13次方，使用计算机计算吧。

　　如果安装了Python，请按照安装指南中的说明启动解释器。如果解释器已经启动，可以直接使用。

执行程序
```
Python 3.…
Type "help", "copyright", "credits" or "license" for more information.
>>>
```

 多少次方的运算符号是**，求余的运算符号为%。

 39的13次方，然后除以77的余数。

　　输入"39**13%77"并按下Enter键。

执行程序
```
Python 3.…
Type "help", "copyright", "credits" or "license" for more information.
>>> 39**13%77        ←加密（用户输入）
18                   ←密文（解释器自动输出的）
>>>                  ←提示符（解释器自动输出的）
```

结果是18。

 将加密的信息传送给松鼠，"18"！

 将明文39加密，得到的密文是18。

 的确，即使看了密文18，也不知道明文是39。

（继续 ↗）

◎ 解密

 我们来解密驯鹿制作的密文18，使用私钥37和作为公钥一部分的77。

 松鼠有私钥和公钥，没问题的。

▼公开密钥方式解密示例

将发送给你的密文破解一下吧。

使用私钥37和公钥77。

密文
18

私钥
37

公钥
77 13

 试着算一下"密文的37次方，然后除以77的余数"。这就变回明文了。

 密文是18。

所以输入"18**37%77"并按下Enter键。

```
执行程序
>>> 18**37%77    ←解密（用户输入）
39               ←明文（解释器自动输出的）
```

 真的！变回了原来的39。

 我想再解密一个密文！

 这样解密密文18，就返回到明文39了。

 好，那么给你一个加密的指令。"今晚46点集合"！

 试着解密密文46。计算46的37次方，除以77的余数。

（继续 ↗）

4

隐藏

密码与安全

167

输入"46**37%77"并按下Enter键。

执行程序

```
>>>46**37%77    ←解密（用户输入）
18              ←明文（解释器自动输出的）
```

 18……晚上6点集合？？

 今晚大家聚餐呀。

当驯鹿加密18时，会计算"18**13%77"，结果就是刚才的46。

执行程序

```
>>> 18**13%77    ←加密（用户输入）
46               ←密文（解释器自动输出的）
```

◎ 认证

 在认证的时候，是用公钥解密通过私钥加密的密文。来试试看吧。

（继续 ↗）

 好呀。那么，这次再让松鼠在0到76之间选择一个整数，然后试着用私钥37和公钥77加密。最后，将明文和密文都传送给驯鹿。

 那我选15吧！

▼公开密钥方式认证示例

① 用私钥37和公钥77加密明文。

明文 **15**

加密

密文 **71**

私钥 **37**

公钥 **77 13**

用私钥做了一组明文和密文。

明文 **15**

密文 **71**

公钥 **77 13**

②

 明文是15，密文是71。

 试着用公钥解密密文吧。计算71的13次方，除以77的余数。

输入"71**13%77"并按下Enter键。

执行程序

```
>>> 71**13%77          ←解密（用户输入）
15                     ←明文（解释器自动输出的）
```

 解密得到的15和松鼠给的明文一致。

 制作这个密文的人有松鼠的私钥。那就认为是松鼠本人吧。松鼠本人，认证完成。

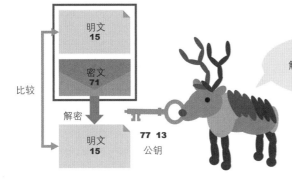

使用公钥77和13解密密文得到的结果，和收到的明文一致。

当松鼠加密15时，计算的是"15**37%77"。结果就是刚才的71。

执行程序

```
>>> 15**37%77          ←加密（用户输入）
71                     ←密文（解释器自动输出的）
```

◎ RSA的安全性

 这样就体验了使用公开密钥方式的加密、解密和认证。最初使用的质数7和11，不要让任何人知道，把它扔掉。

 扔掉有必要吗？

 因为如果有了质数7和11、加上公钥的77和13，就可以按照之前介绍的方法计算私钥37了。

 7和11相乘，得到的77作为公钥公开了，通过这个不是也能得出7和11吗。

 稍微计算一下，大家应该都知道7×11 = 77。

 关于这一点，如果使用非常大的质数是比较安全的。质数和质数相乘虽然很简单，但是相乘的结果如果是一个很大的值，那么把这个值分解成原来的两个质数也是很困难的。

　　用质数的乘法表示某个正整数，称为因数分解。因为要分解大整数的因数很麻烦，所以RSA中通过使用非常大的整数，使大家无法知道原来的两个质数。

 以前就听说过"RSA利用的是大整数的因数分解困难"，原来是这样啊。

（继续 ➔）

169

思考？————

这是一种让计算机逼近人类智能的尝试。

第 5 章

人工智能（AI）

5–1

以神经细胞为模型——深度学习

在计算机上模拟生物神经细胞的机制与连接形式就是神经网络。而用深度神经网络进行机器学习称为深度学习。

 先来看一个深度学习的例子。

▼手写数字识别

 这个数字是多少？

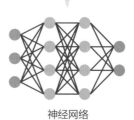 是8。

神经网络

 即使是松鼠，也知道这是8。

▼识别人物的长相

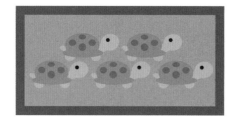

这张照片是30年前的，你知道哪个是我吗？

 从右边数第二个。

神经网络

厉害！松鼠完全看不出来。

 神经网络可以被用在识别数字和图像上。

 也被用于语音识别、文章翻译、AI象棋和AI围棋等。

◎ 神经网络的结构

 神经网络的结构是怎样的呢？

 那下面就来看一下神经网络的结构吧。

▼神经网络

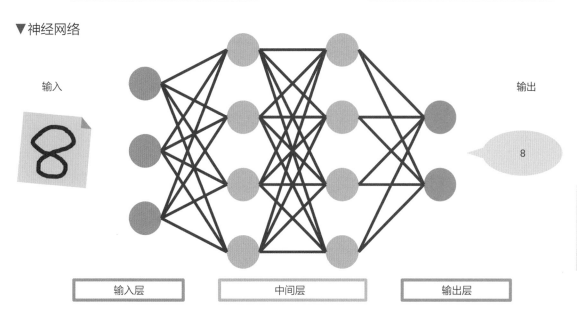

输入

输出

8

输入层　　　中间层　　　输出层

 从输入层到输出层，信号像线一样流动。

 这个神经网络在输入层和输出层之间有两层中间层。

（继续 ↗）

 中间层为2层以上的神经网络称为深度神经网络。

5

思考？

人工智能（AI）

小专栏

人工智能实现的服务

　　人工智能是一个研究人类大脑运行机制的领域。同时也会尝试制作和人类大脑一样运作的结构。在科幻作品中，经常出现和人类行动一模一样的机器人和计算机，这些都反映了大众对人工智能的印象。

　　在近几年的人工智能热潮中，有各种各样的东西被称为"人工智能"，这反而打破了大家对人工智能的固有印象。在大家能接触到的人工智能中，有的会让人觉得"人一般都不会想得这么复杂吧？"，也有的让人吃惊地觉得"这么简单的东西也叫人工智能！"。

　　人能做的事情计算机就"理所当然"地会做吗？有一些人能做的事，计算机也是刚开始会做。例如，计算机识别到收费停车场车辆的车牌号，只要支付了费用，就会自动打开大门。如果人类想进行同样服务的话，会花费太多的人工费，而且看错号码的话还会和使用者发生严重的纠纷。而这项服务是在计算机能够轻松识别数字之后才开始普及的。

用线连接的圆圈是什么？

（继续 ↗）

 是用计算机模拟的生物神经元（神经细胞），即人工神经元，也被称为节点。

 神经元如下图所示。

▼神经元的图示

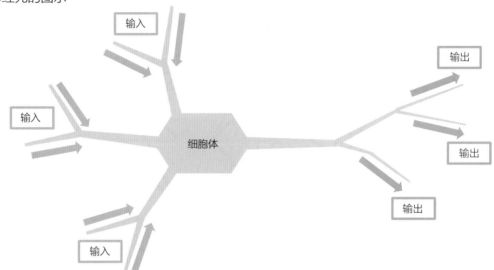

 和生物神经元一样，人工神经元处理输入的信号，然后输出结果信号。

 一个人工神经元输出的信号被输入到另一个人工神经元，然后这个人工神经元输出的信号又会输入到下一个人工神经元，一直这样连接。

（继续 ↗）

 例如，当将图像输入到输入层的人工神经元时，信号一个接一个地在人工神经元之间传递，最后在输出层输出"8"的回答。

 没错。

◎ 通过数据训练的机器学习

 神经网络能那么方便地给出答案吗？

 实际上，为了使神经网络能够输出正确的答案，还要事先将大量的数据提供给神经网络，对神经网络进行训练，这称为学习。

（继续 ↗）

 和人类学习后能得出正确答案是一样的。

 神经网络的学习是一种被称为机器学习的人工智能技术。

 这么说来，深度学习就是学得很深的学习。

深度神经网络的学习，称为深度学习。

利用深度学习，能以比以前更高的精度识别图像和声音，能准确地翻译，实现更强的象棋和围棋AI。

机器学习不一定要和神经网络结合，不使用神经网络的情况也不稀奇。关于图像和声音的识别、翻译、象棋和围棋的AI等，既有使用神经网络实现的，也有通过神经网络以外方法实现的。

◎ 神经网络的学习

使用神经网络，需要高性能的计算机吗？

神经网络做出判断所花费的时间很快，这个基本不是问题。如果是利用已学习的神经网络，那么也不需要那么高性能的计算机。

一般的个人计算机和智能手机使用也没有什么问题。

（继续 ↗）

不过，学习往往需要花费时间和工夫。训练神经网络需要大量的数据，经过训练的神经网络才能给出正确的判断。

被称为MNIST的经典的手写数字识别数据集中，包含了70000张手写数字的图像。

数字的图像！要准备那么多还真是够呛！

MNIST有7000组0到9的手写数字，这也就是7000组×10 = 70000张图像。图像大小为28×28像素，颜色为灰度（黑白明暗）。

学习需要多长时间？

这要根据神经网络的复杂性、学习中使用的数据量、计算机的性能等因素来确定。

我试着用计算机学习了MNIST的数据，简单的神经网络用了几分钟，复杂的神经网络用了一个多小时。

（继续 ↗）

啊，电脑一直运行一个小时，没有应答吗？

可以看到学习的进度，不过在结果出来之前计算机一直在运行。

尽管如此，学习MNIST的数据还是个简单的问题。如果是更难的问题，一般的计算机在短时间里也有学习结束不了的时候。

你可以使用一个名为GPU的计算机图形设备来加快神经网络的学习速度。因为神经网络的学习以数值运算为中心，而GPU非常擅长数值运算。

\ 挑战! /

神经网络中的计算

体验神经网络内部的计算。

 实际做一下人工神经元在神经网络内部的计算吧。

 对于如下的神经网络，计算输出信号是什么。

▼神经网络中的计算（1）

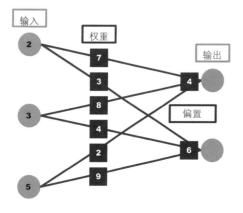

 输入层有三个人工神经元，值分别为2、3、5。

 输出层有两个人工神经元。要计算的就是这些值。

 权重和偏置是什么？

 这是用来调节神经网络输出值的。为了让神经网络输出正确答案，通常是通过学习来调整权重和偏置。这里为了简化计算，权重和偏置都设定了简单的值。

▼神经网络中的计算（2）

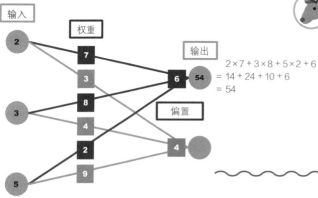

$2×7 + 3×8 + 5×2 + 6$
$= 14 + 24 + 10 + 6$
$= 54$

 下面来看看如何使用权重和偏置通过输入计算输出。

 我们计算输出层两个人工神经元中的一个。

 这个是怎么计算的呢？

 首先看输入层最上面的人工神经元。将该人工神经元的值2与输出层的人工神经元间的权重7相乘，即2×7=14。

 接着是输入层中间的人工神经元的值3，与权重8相乘，即3×8=24。

（继续 ↗）

然后，将输入层最下面的人工神经元的值5，与权重2相乘，即2×5=10。

 最后，将这三个值和偏置的值6相加。

（继续 ↗）

 14+24+10+6=54。这样输出就计算完了！

 输入加上权重，再和偏置合在一起。

 没错。对于输出层的另一个人工神经元，用同样的方法计算一下吧，将结果写入下图中。

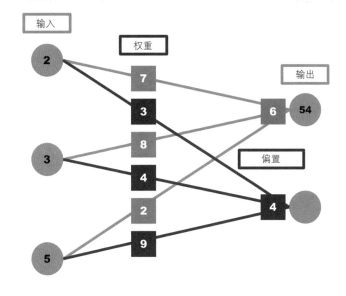

回答栏

请计算右下方的输出并将结果写入图中。

输入

权重

输出

2

7

3

6 54

8

4 偏置

3

2

5 9 4

A 回答

计算

```
    2×3 + 3×4 + 5×9 + 4
=   6 + 12 + 45 + 4
=   67
```

 输出为67。

 虽然觉得神经网络很难，但是内部的计算就是乘法和加法，所以感觉格外的简单。

 在实际的神经网络中，对合计的值会使用激活函数，不过基本的计算就像这里介绍的那样。

哪个和哪个是一类？ ——聚类

把很多数据分成相似的类，称为聚类。

 可以这样应用聚类。

▼聚类的应用示例

那本书有趣吗？

很有趣！

不来梅乐队

狼与七只小山羊

2

那你也会喜欢这本书吧。

真的耶，这本书很有趣。

穿长靴的猫

 你怎么知道松鼠对这本书感兴趣？

 首先，我把收集的购买图书信息做了聚类。

▼聚类

收集了很多人购买图书的信息。

狸
不来梅乐队
穿长靴的猫
白雪公主
狼与七只小山羊

虎
荆棘公主
杰克与魔豆
汉赛尔和格莱特
白雪公主

熊
汉赛尔和格莱特
穿长靴的猫
白雪公主
荆棘公主

兔子
穿长靴的猫
狼与七只小山羊
杰克与魔豆
不来梅乐队

2

我把相似的人聚在了一个群里。

群1
狸
不来梅乐队
穿长靴的猫
白雪公主
狼与七只小山羊

兔子
穿长靴的猫
狼与七只小山羊
杰克与魔豆
不来梅乐队

群2
虎
荆棘公主
杰克与魔豆
汉赛尔和格莱特
白雪公主

熊
汉赛尔和格莱特
穿长靴的猫
白雪公主
荆棘公主

这就是聚类。根据使用的算法不同，聚类的结果也会不同。

k均值法也称为k-means算法，是聚类中常用的算法之一。k均值法首先将数据分为k组，然后随机选取k个对象作为初始的聚类中心对数据进行聚类，之后重复对分类方法进行改良。

接下来看一下使用聚类结果的地方。

按照这样的步骤，就能决定推荐给松鼠的书。

▼利用聚类结果

①

也有松鼠买书的数据。

松鼠

狼与七只小山羊
不来梅乐队

群1
狸
不来梅乐队
穿长靴的猫
白雪公主
狼与七只小山羊

兔子
穿长靴的猫
狼与七只小山羊
杰克与魔豆
不来梅乐队

群2
虎
荆棘公主
杰克与魔豆
汉赛尔和格莱特
白雪公主

熊
汉赛尔和格莱特
穿长靴的猫
白雪公主
荆棘公主

松鼠会放入哪个群？

2

试着向松鼠推荐一本群1里的人倾向购买的书吧。

聚类完成！

松鼠在群1。
试着向松鼠推荐一本群1里的人倾向购买的书吧。

群1
狸
不来梅乐队
穿长靴的猫
白雪公主
狼与七只小山羊

兔子
穿长靴的猫
狼与七只小山羊
杰克与魔豆
不来梅乐队

松鼠

不来梅乐队
狼与七只小山羊

群2
虎
荆棘公主
杰克与魔豆
汉赛尔和格莱特
白雪公主

熊
汉赛尔和格莱特
穿长靴的猫
白雪公主
荆棘公主

如果很好地利用聚类，生活将会变得越来越方便！

5
思考？

人工智能（AI）

结束语

感谢您读到本书的最后。通过阅读本书，可以掌握代表性的算法和数据结构，以及使用计算量来比较算法的方法。

请一定要在日常生活中灵活地使用学到的算法。在判断遇到什么问题或是使用什么方法能有效地解决问题时，算法知识都是很有用的。另外，了解和分析计算机上日常使用的软件（应用程序或服务）都使用的是什么样的算法，也是一种有趣的体验。

读了本书之后，想正式学习编程的人，我们还是推荐专门学习某个编程语言。比如，本书中使用的Python，您可以选择一本入门的书来读。因为Python是一种广受欢迎的语言，所以有很多入门图书，本书的作者和译者也有几本。

衷心希望读者在本书中学到的东西能在工作、学业、兴趣爱好上对大家有所帮助。在阅读本书时，如果你有任何的想法，都可以通过评论告诉我，我非常希望得到你的反馈。

附录A Python的安装

将Python安装到计算机上，使其能够运行本书中的程序。连接到互联网的个人计算机用户可以试试。下面介绍的是在Windows和macOS系统上的安装方法。关于在Linux上安装的内容，请参阅第25页的专栏。

◎ 在Windows上安装

使用浏览器，进入Python官方网站的下载页面（https://www.python.org/downloads/），然后下载Python。

Python建议安装最新版。单击页面左侧的黄色下载按钮。在下载用的按钮上会标注版本号，即"Download Python 3.…"中"…"的部分，这个信息每次Python更新时都会发生变化。

在编写本书时官方网站显示的是英文，但是如果利用浏览器的翻译功能，那么可以更方便地下载。例如，如果使用的浏览器是Chrome，那可以右键单击正在显示的页面，然后点击菜单上的"翻译成日语"，页面中的外语就会被翻译成日语。当然也可以翻译成中文。

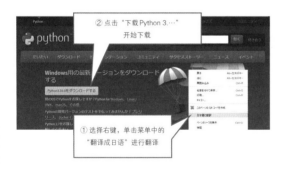

下载的文件可以保存在计算机的任何文件夹中。然后双击浏览器中的下载文件，就将启动Python的安装程序。按以下步骤进行安装。

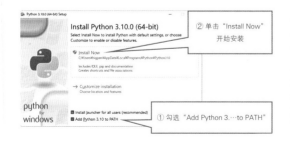

在安装过程中，如果出现"是否允许此应用程序更改设备？"的对话框，选择"是"。如果显示"Setup was successful"，则表示安装完成。

启动Python解释器确认是否已成功安装。

● 启动Python解释器（Windows）

使用命令提示符工具启动Python解释器。

（1）切换到英文输入法。

（2）按下Windows键调出开始菜单，输入"cmd"，单击出现的"命令提示符"工具。

（3）启动命令提示符工具后，输入"python"并按下Enter键。

（4）Python解释器启动，并显示以下消息和提示。显示的Python版本根据下载Python的时间而定。

（5）要退出Python解释器，请同时按Ctrl键和Z键，然后按下Enter键。

如果没有看到上述消息，请按照上述步骤重新安装Python。

◎ 在macOS上安装

使用浏览器，进入Python官方网站的下载页面（https://www.python.org/downloads/），然后下载Python。macOS用的Python会显示"for Mac OS X"这样的信息。

Python建议安装最新版。单击页面左侧的黄色下载按钮。在下载用的按钮上会标注版本号，即"Download Python 3.…"中"…"的部分，这个信息每次Python更新时都会发生变化。

在编写本书时官方网站显示的是英文，但是如果利用浏览器的翻译功能，那么可以更方便地下载。例如，如果使用的浏览器是Chrome，那可以右键单击正在显示的页面，然后点击菜单上的"翻译成日语"，页面中的外语就会被翻译成日语。当然也可以翻译成中文。

② 点击"下载 Python 3.…"开始下载

① 选择右键，单击菜单中的"翻译成日语"进行翻译

下载完成后，启动Finder。在Finder中打开"下载"，双击下载文件后，将启动Python安装程序。确认各页的内容，没有特殊情况的话，单击"继续"、"同意"或"安装"。如果中途提示输入macOS密码，请输入密码以允许安装，然后继续。

确认界面的内容，点击"继续"

界面的内容是用英语写的，可以通过谷歌翻译（https://translate.google.com/）等服务翻译成中文，这将有助于理解其中的内容。复制安装程序中显示的文字，粘贴到翻译服务中进行翻译。

安装完成后，启动Python解释器确认是否已成功安装。

● 启动Python解释器（（macOS）

尝试使用终端启动Python解释器。Windows使用的是"python"命令，而macOS使用的是"python3"命令。

（1）切换到英文输入法。

（2）在Finder 中，打开应用程序的实用程序，然后双击终端运行。

（3）启动终端后，输入"python3"并按下Enter键。

（4）Python解释器启动，并显示以下消息和提示。显示的Python版本根据下载Python的时间而定。

（5）要退出Python解释器，请同时按control键和D键。

① 输入"python3"并按下Enter键

② 在"Python 3.…"的消息之后显示提示符">>>"

如果没有看到上述消息，请按照上述步骤重新安装Python。

附录B 常见错误处理方法

在使用Python解释器时，如果出现错误的情况，请查阅这里。错误消息将提示哪里出现了问题。

● 无法退出 Python 解释器

▶处理方法：

在Windows系统中，请同时按Ctrl键和Z键，然后按下Enter键。在macOS系统中，同时按Ctrl键和D键，在Linux系统中，同时按Ctrl键和D键。

● 输入后什么都没发生（1）

解释器显示示例
```
>>> x = []  ←用户输入的内容
```

▶处理方法：

请按下Enter键。之后，Python解释器将处理输入的内容。

● 输入后什么都没发生（2）

解释器显示示例
```
>>> x = []   ←用户输入的内容
>>>          ←解释器显示的提示
```

▶处理方法：

这样是没问题的。出现提示符"＞＞＞"表示Python解释器已经处理了输入的内容。想知道结果的时候，例如在这种情况下就输入变量名x，就会显示x的内容。

解释器显示示例
```
>>> x = []
>>> x
[]
>>>
```

● 用全角字符输入了程序

解释器显示示例
```
>>> x = []←用户输入的内容
 x = []      ←←以下是解释程序显示的错误消息
 ^
SyntaxError: invalid non-printable character U+3000
```

▶处理方法：

请切换到英文输入法，重新输入程序。注意空格也有全角字符和半角字符两种。本书的程序基本上都是用半角字符输入的。作为全角字符输入的有汉字、日文以及符号"○△□"。全角字符总是用单引号"'"括起来使用，这也是区分全角字符和半角字符的线索。

● 从"＞＞＞"开始输入程序

解释器显示示例
```
>>> >>> x = []
  File "<stdin>", line 1
    >>> x = []
    ^ ←解释器显示错误的地方
SyntaxError: invalid syntax
```

▶处理方法：

程序运行时出现的"＞＞＞"是解释器自动输出的提示符，这个不需要输入。在这种情况下，请输入"x=[]"而不是"＞＞＞x=[]"。

● 单引号"'"多了或者少了，再或者是全角字符

解释器显示示例
```
>>> x.append('○')
  File "<stdin>", line 1
    x.append('○')
             ^ ←解释器显示错误的地方
SyntaxError: EOL while scanning string literal
```

▶处理方法：

仔细检查程序中的单引号，重新输入。错误消息中的"＾"表示错误出现的位置，不过在这个错误中，需要修改"＾"以外的位置。

● 要在一行连续输入的，中间却按了Enter键

解释器显示示例
```
x = [['tanuki', 10, 300], ['kitsune', 40, 600],
...
```

▶处理方法:

同时按Ctrl键和C键，中止该程序的输入，然后重新输入。

● 括号"["和"]"的数量必须相同，但有一个数量较多

解释器显示示例

```
>>> ['tanuki', 'kitsune', 'tonakai', 'neko']]
  File "<stdin>", line 1
    ['tanuki', 'kitsune', 'tonakai', 'neko']]
                                            ^
SyntaxError: unmatched ']' ←解释程序指出"]"的数
                              量有错误
```

▶处理方法:

重新输入，注意"["和"]"的数量要相同。

● 数组的编号有误

解释器显示示例

```
>>> x[5]
Traceback (most recent call last):
  File "<stdin>", line 1, in <module>
IndexError: list index out of range
↑编号（Index）错误
```

▶处理方法:

修改数组的编号，重新输入。

● 全角输入了点

解释器显示示例

```
>>> x.index('松鼠')
  File "<stdin>", line 1
    x.index('松鼠')
           ^ ←指出这个位置有全角的"．"
SyntaxError: invalid character '．' (U+FF0E)
```

▶处理方法:

重新输入。注意"．"等符号要使用半角字符。

● 大小写输入错误

解释器显示示例

```
>>> sorted(x, reverse=true)
Traceback (most recent call last):
  File "<stdin>", line 1, in <module>
NameError: name 'true' is not defined
              ↑指出输入错误的部分
```

▶处理方法:

重新输入。因为Python是区分大小写的，所以请按照本书中大小写输入。

● 英语单词拼写错误

解释器显示示例

```
>>> sorted(x, key=labmda y: y[1])
  File "<stdin>", line 1
    sorted(x, key=labmda y: y[1])
                         ^
SyntaxError: invalid syntax
```

▶处理方法:

检查拼写，重新输入。在本例中，将"lambda"输入为"labmda"是错误的。

● 计算结果不正确

解释器显示示例

```
>>> 39*13%77
45
```

▶处理方法:

幂的符号不是"＊"而是"＊＊"。

● 计算不出来

解释器显示示例

```
>>> 39**13**77
```

▶处理方法:

如果计算结果的值太大，有时很难计算完。如果不想等待的话，可以同时按Ctrl键和C键，中止程序的执行。